KB089884

내 아이 세 살까지
천일의 기적

내 아이 세 살까지
천일의 기적

초판 1쇄 인쇄 | 2017년 6월 15일
초판 1쇄 발행 | 2017년 6월 20일

지은이 | 임영주
펴낸이 | 조종현
기획편집 | 정희숙
책임교정 | 장도영 프로젝트
표지 디자인 | 투에스디자인
본문 디자인 | 조진일
일러스트 | 릴리아(blog.naver.com/lilialee)

펴낸곳 | 길위의책
출판등록 | 제312-25100-2015-000068호 · 2015년 9월 23일
주소 | 03741 서울시 서대문구 서소문로 43-8, 101-1501
전화 | 02-393-3537 팩스 | 0303-0945-3537
전자우편 | roadonbook@naver.com

© 임영주 2017

ISBN 979-11-957399-9-8 (03590)

이 도서의 국립중앙도서관 출판예정도서목록(CIP)은 서지정보유통지원시스템 홈페이지(http://seoji.nl.go.kr)와
국가자료공동목록시스템(http://www.nl.go.kr/kolisnet)에서 이용하실 수 있습니다.
(CIP제어번호 : CIP2017012299)

내 아이 세 살까지
천일의 기적

육아멘토 임영주 박사가 전하는
태내에서 세 살까지의 육아비법

임영주 지음

길위의책

차 례

PART 1

엄마 될 준비 280일, 뱃속 아기와 교감하기
_임신 확인한 날부터 출산까지

PART 2

엄마가 되고 첫 1년, 서투르지만 능숙하게
아기 돌보기_생후 12개월까지

초보 아빠를 위한 조언

출산 후 한 달, 아내에겐 남편이 필요하다 | 아내의 든든한 정서적 후원자가 되자 | 아기 목욕
시간은 아빠의 사랑을 전할 최적의 시간

PART 3

아기에서 아이로 훌쩍! 우리 아이 성장 돕기
_생후 13~24개월

● 알아둘 양육 정보 | 생후 13~24개월

초보 아빠를 위한 조언
아이의 성장 과정, 같이 기록하자 | 아내의 양육 스트레스, 이렇게 풀어주세요

PART 4

'미운 세 살' 아이와 사이좋게 지내기
_생후 25~36개월

초보 아빠를 위한 조언
창의력이 쑥쑥 커지는 아빠와 아이의 놀이

에필로그_

뱃속에서 세 살까지의 천 일이
우리 아이의 평생을 좌우합니다

'품안의 자식'이라는 말이 있지요. 아이가 엄마의 품에 포옥 들어오는 시기입니다.

〈천일의 기적〉이라는 책 제목을 떠올렸을 때 품안의 자식이라는 말도 동시에 떠올랐습니다. 엄마들이 '우리 아이가 엄마 껌딱지라 고민'이라고 말할 때까지가 품안의 시기이지만 역시 완벽한 품안의 자식은 엄마 뱃속에서 세 살까지인 천 일 동안일 거예요.

태내에서 세 살까지, 천 일 동안의 기적을 말하고자 합니다.

이 책은 아이가 태어나면서부터 세 살까지의 사랑과 관심이 아이의 평생을 좌우한다는 믿음으로 쓰기 시작하였습니다. 입덧의 고통과 산후의 고단함, 육아의 어려움에 어쩔 줄 몰라 하는 초보 엄마들에게 다정하게 다가가 토닥이는 글이 되면 좋겠다는 마음으로 썼습니다. 그래서 지나치게 이론을 앞세우지 않았습니다.

아이가 뱃속에 있을 때는 심한 입덧과 무거워지는 몸 때문에 지치고 힘들지만, 그래도 출산과 양육을 '인생 최고의 행복'으로 여기며 뱃속에 있는 아이를 친구이자 대화상대 삼아 매 순간을 견디는 예비 엄마들이 많습니다. 그렇게 아이의 탄생을 기다리는 예비 부모와, 갓난아기를 보살피는 젊은 엄마들과 함께 육아의 지난함과 기쁨을 나누고 싶었습니다.

육아에 대한 이론이 난무하는 시대라 육아 지식이 오히려 또 다른 스트레스로 다가온다는 엄마들의 고민을 알기에 읽기 쉽고, 어느 페이지를 읽어도 편안하게 읽히는 책을 쓰고 싶었습니다. 가슴으로 키우는 육아에 도움이 되었으면 좋겠다는 마음도 담았습니다. 아이와 천 일 동안 관계를 잘 맺어두면 그 어렵다는 훈육도 제대로 된 '사랑'으로 전달할 수 있지요.

아빠의 역할이 소중하다는 것을 이야기했습니다.

육아에 있어 엄마뿐만 아니라 아빠의 역할이 얼마나 중요한지는 여러 자료들을 통해 많이 알려졌지요. 아이가 생기고 태어나면서 아이와 아내를 중심으로 남편의 일상이 조정되어야 하기에 아내가 임신했음을 확인하는 순간부터 출산 후에 아이와 아내를 위해 남편으로서 아빠로서 어떻게 하면 좋은지를 구체적으로 다루었습니다.

남편 입장에서는 회사생활을 하랴 가족들을 챙기랴 바쁘고 힘든 일상일 수 있지만 아이의 최초 천 일 동안만큼은 같이 애써야 합니다. 육아에 매달리느라 지쳐 있을 아내에게 '사랑한다', '고맙다'는 말을 진심을 담아 많이 해주는 것도 잊지 마시구요. 이러한 노고가 이후 20년 동안의 육아를 좌우하고 가족의 삶의 질을 좌우하게 될 거예요.

엄마 아빠의 마음을 아기에게 전하는 메시지를 담았습니다.

태내에서 세 살까지 '천 일 동안' 엄마와 아이가 함께 나누는 이야기는 애착의 기반을 마련해주고 언어와 인지, 감성 발달에도 영향을 줍니다. 아이와 나누는 대화는 진솔함이 기본입니다. 뱃속에서 시작되는 신비한 생명의 느낌, 태어나는 순간의 경이로운 그 얼굴과 눈빛, 배냇짓과 웃음, 악을 쓰며 울 때의 당황과 무력감을 가감 없이 전하려면 어떻게 말을 거는 것이 좋은지, 입덧으로 힘들 때는 어떻게 해야 할지, 아이가 처음 옹알이를 했을 땐 어떻게 반응해야 하는지, 기저귀를 갈면서 그리고 목욕을 시키면서 어떤 말을 해주면 좋은지 등 다양한 상황에서 아이와 교감하는 방법을 담았습니다.

이와 같은 아이와의 교감은 아이의 정서 발달, 언어 발달은 물론 부모와 아이 사이의 애착 형성에도 좋은 영향을 줍니다. 이 책에 예시된 '말'은 소리 내어 말해보면 좋아요. 자꾸 연습하면 나만의 목소리로 더 자연스럽게 아이에게 말을 걸 수 있어요.

천 일 동안 아이에게 전하는 '말'이 기적입니다.

시간은 빠르게 지나 갓난아기였던 아이가 어느 새 걷고, 옹알이를 하다 단어를 말하기 시작할 것입니다. 기쁨의 환호와 동시에 적절한 언어적 상호작용으로 아이의 언어 발달에 필요한 것을 적기에 주어야 하지요.

육아에 지친 엄마들이 이 책에서 위로를 받았으면 좋겠습니다.

이 책에서는 부모의 품안에서의 천 일 동안 아이와 어떻게 교감하고, 어떻게 말하고, 어떤 표정으로 대하고, 어떤 스킨십이 적절한지도 쉽고 자세하게 다뤘어요. 태교와 육아, 기질을 인정하며 키우기 등의 육아법도 부담을 느끼지 않을 만큼 담았습니다. 편안하게 읽으며 엄마부터 위로받으면 좋겠어요. 너무 많은 이론은 엄마를 지치게 하니 월령별 발달 사항이나 육아 이론은 참고만 하세요. 놀랍게도 이런 과정이 '나만의 육아법'을 만들어줄 거예요.

이 책이 우리 아이의 평생을 좌우할 천 일간의 양육 안내서가 되어 부부 사랑과 자녀 양육의 하모니를 이루는 데 도움이 된다면 큰 보람이겠습니다.

부모교육 및 육아코칭 전문가 임 영 주

PART 1

엄마 될 준비 280일,
뱃속 아기와 교감하기

임신 확인한 날부터 출산까지

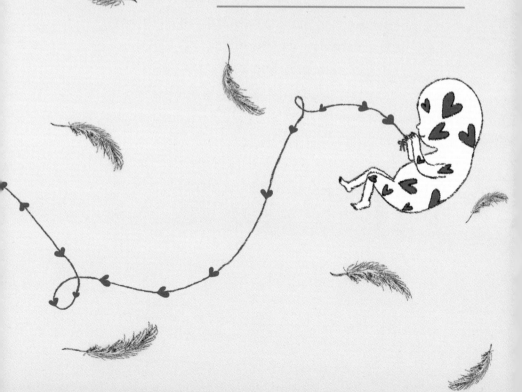

임신 확인한 날부터 출산까지

속이 불편해서, 매직 데이를 자꾸 거르게 돼서 병원을
찾았다가 듣게 된 놀랍고도 기쁜 이야기, "축하드려요!"
처음엔 너무 놀라서 어쩔 줄 몰라 하다가 초음파 사진을
들여다본 후에야 '내 몸에 생명이 생겼구나' 하고 깨닫죠.
신비롭고 가슴 떨리는 경험이라 아직은 뭘 어떻게 해야
할지 모르겠지만, 아직 엄마가 될 마음의 준비가 안 된
'생초보' 임신부라 두렵고 불안한 마음이 크겠지만 아기와
의 만남을 차근차근 준비해보세요. 몸과 마음의 건강도
챙기고 뱃속 아기와 꾸준히 교감하면서 지내다 보면 뱃속
아기는 쑥쑥 자라 엄마 아빠를 만나게 될 거예요.

아기와의 첫 교감, 어떤 말을 전할까?

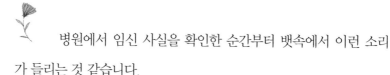

병원에서 임신 사실을 확인한 순간부터 뱃속에서 이런 소리가 들리는 것 같습니다.

'엄마, 제가 반가우세요? 저를 기다렸나요?'

뱃속 아기의 첫 질문에 어떤 대답을 준비하셨나요? "네가 선물처럼 왔어"라고, "와줘서 고맙다", "기다렸어"라고 아기에게 말해줄 건가요?

어떤 엄마는 자신이 계획한 대로 아기가 생기고, 어떤 엄마는 오랜 기간 마음을 졸이다가 기적같이 임신을 합니다. 생각지도 못한 상태에서 갑작스레 아기를 맞는 엄마가 있는가 하면, 어떤 엄마는 의학의 힘을 수차례 빌린 뒤에야 아기를 갖습니다. 그 과정이 어떠했든 새 생명이 자기 안에 자리 잡은 것을 확인한 순간 대부분의 엄마들은 기쁨과 환호, 감격에 젖어드는 동시에 한편으로 마음이 혼란스럽습니다. 여러 가지 현실적인 생각과 고민이 몰려들면서 마음 한구석에 두려움이 밀려오기 때문입니다.

두려움이 생기는 이유는 사람마다 다릅니다. 공통점이 있다면, 두려움은 아직 일어나지 않은 일에 대한 걱정과 불안에서 시작된다는 것입니다. 아직 일어나지 않은 일은 영원히 일어나지 않을 수도 있습니다. 예상과는 다르게 흘러갈 수도 있지요. 그러니 미래의 일은 미래에 맡기고 지금은 뱃속 아기가 느낄 수 있을 정도로 마음껏 기뻐하세요. 새로운 생명이 내 안에 자리 잡았다는 건 신이 여성에게만 주신 특별한 능력을 드디어 발휘하게 되었다는 의미거든요. 게다가 그 능력을 '엄마'라는 이름으로 발전시킬 수 있게 되었으니 참으로 벅찬 일이지요.

'엄마'라는 이름은 엄마가 되는 것만큼이나 신비롭습니다. 임신을 하지 않으면 가질 수 없는 이름이기 때문이지요. 지금까지는 '나', '누구의 딸', '누구의 아내'라 불리던 내게 아기가 선물한 또 하나의 평생 이름이 바로 '엄마'인 것입니다.

나에게 '엄마'라는 이름을 새겨주고 나를 엄마로 만들어줄 아기는 분명 '신의 선물'입니다. 신의 선물을 받은 당신은 신의 선택을 받은 것이나 다름없습니다. 그 감동을 뱃속의 아기에게 전해보세요. 이제 막 내게로 온 아기와 교감하는 첫 순간은 일부러 만들 수도 없는 진실된 감동의 순간입니다.

"아가, 엄마에게로 와줘서 고마워. 엄마 뱃속에서 편안하고 건강하게 잘 자라렴. 엄마가 아주 많이 사랑할게."

"아가, 엄마야. 네가 '엄마, 엄마' 하고 부를 네 엄마야. 엄마는 네 엄마가 되어 정말 기쁘고 자랑스러워."

남편의 반응에 실망하지 않기

임신 소식을 남편과 함께 들으면 좋겠지만, 여러 이유로 그 순간을 함께하지 못한 부부들이 많아요. 그런 경우에 아내는 임신 소식을 전화로 알리면 기쁨이 반감될까 봐 남편이 퇴근할 시간만 기다리죠. '우선 임신 소식을 알려서 남편을 놀라게 하고, 초음파 사진을 함께 보면서 복잡한 마음을 위로받고, 아이와 함께할 미래를 이야기 나누어야지' 하는 생각에 하루 종일 들떠 있습니다. 해가 떨어지고 남편의 퇴근이 가까워질수록 아내의 마음은 한껏 벅차오릅니다.

저벅저벅.

띠, 띠, 띠, 띠, 띠, 띠, 띠-.

드디어 남편이 현관문을 열고 들어옵니다. 아내는 하루 종일 구상한 각본대로 남편에게 임신 소식을 알리고 초음파 사진을 보여줍니다. 거뭇한 삼각형 모양의 그 안에 무언가 웅크리고 있는 것 같은 사

진을 보며 남편은 신기해합니다.

그런데 남편들의 반응은 참으로 다양합니다. 어떤 남편은 기쁨의 눈물을 흘리고, 어떤 남편은 아내를 꼭 안아줍니다. 반면, 감정 표현이 서투르거나 아직 아기 키우는 것이 부담스러운 남편은 아내의 기대에 못 미치는 반응을 보이기도 합니다. 후자의 경우 아내는 쉽게 상처를 받죠.

그럴 땐 잠깐만 실망하시고, 뱃속 아기에게 집중하세요. 아기를 잉태하는 것은 여성에게만 주어진 특별한 능력입니다. 남편의 축하와 위로, 주변 사람들의 반응도 중요하지만 무엇보다 엄마가 잉태의 기쁨을 자축해야 합니다. 그리고 아기에게 꾸준히 덕담을 들려주세요.

"어떤 엄마가 될까?"

"아가, 좋은 생각 많이 할게. 맛있는 음식, 좋은 음식 많이 먹고, 네게 좋은 풍경도 많이 보여줄게."

"엄마가 많이 노력할게. 우리 아기가 되어주어 고마워. 행복해."

고맙고 행복하다고 아기에게 이야기를 하고, 음악을 들려주고, 아기가 어떤 아이일까 상상하세요. 아빠 얘기도 해주세요.

"아빠가 너를 어떻게 맞이할지 아직 모르겠대. 많이 놀랐나 봐. 어색하기도 하고."

그러면 남편의 반응이 어느 정도 이해되면서 뱃속 아기와 엄마 사이에는 유대감의 토대가 형성되기 시작합니다.

놀랐겠지만, 함께 기뻐해 아내를 안심시키자

아내의 임신 소식을 들은 남편의 뇌파를 검사해보니 느린 뇌파인 세타
파와 알파파가 늘어나고, 각성 상태에서 활성화되는 빠른 뇌파인 베타파
가 줄어드는 결과가 나왔습니다. 세타파는 명상이나 수면 중에 활성화되
는데요. 이는 낯선 경험(아내의 임신, 아빠가 된다는 의미)을 해석하려는 노
력, 혼돈, 비현실감 등 복합적인 감정을 느낄 때 나타난다고 해요. 실제로
예비 아빠들을 인터뷰해보니 처음 임신 소식을 들었을 때의 마음을 이렇게
표현했어요.

"정말 깜짝 놀랐어요. 조금 걱정도 됐고요. 기쁨과 걱정이 겹치는 그런
느낌이었죠."

갑작스러운 소식을 들으면 누구나 이런 마음이 들지만 아내는 사실 놀
라고 걱정하는 마음보다 '기쁘고 행복하다'는 이야기를 듣고 싶어해요. 그
러니 아내의 마음을 채워줄 축하 멘트를 준비하면 어떨까요?

"자기야, 기다렸어. 너무나도 기다렸어. 고마워, 정말 고마워. 우리 자
기 만세!"

"축하해. 고마워. 좋은 남편 되고 좋은 아빠 될게."

"내가 더 열심히 일하고 더 멋진 사람이 될게."

어떤 말이든 아내에게 위로가 되고 힘을 주는 말을 해주세요. 아내는 기쁘면서도 임신으로 생길 변화 때문에 불안해하고 있어요. 그 마음을 따뜻하게 감싸주세요.

물론 아빠가 된다는 사실이 기쁘면서도 부담스럽고 불안할 수도 있어요. '내가 좋은 아빠가 될 수 있을까?', '아이를 키우다 보면 경제적으로 힘들어지지 않을까?', '아이에게 매달리느라 나만의 시간이 줄어들지는 않을까?'라는 걱정은 누구나 한답니다. 아기를 의식한다는 건 이미 아기를 인격체로 받아들이고 있다는 거예요. 그러니 죄책감을 갖지 마세요.

사랑하는 마음 담아 태명 짓기

누구에게나 이름이 있습니다. 산에 핀 작은 꽃에도 아주 작은 곤충에게도 사물에도 이름이 있지요. 아직 태어나지는 않았지만 하늘이 내려주신 소중한 우리 아기에게도 이름을 지어주는 시간, 행복한 시간이 다가왔네요.

어쩌면 벌써 뱃속 아기의 이름을 지었을지도 모르겠군요. 잘하셨습니다! 이름을 지어 부르는 것은 '네가 우리에게 왔음을 인정하고 환영한다'는 의미이기도 합니다. 엄마와 아빠가 자신의 이름을 부르는 소리를 듣고, 배를 쓰다듬으며 사랑을 표현하는 엄마와 아빠의 손길을 느끼는 순간은 뱃속 아기에겐 기쁨의 순간이지요.

어떤 태명을 지으셨나요? 아직 태명을 짓지 못했다면 어떤 이름을 생각하고 있나요? 행복한 고민을 하고 있을 예비 엄마들을 위해 태명 짓기의 예를 몇 가지 들어볼게요.

우선, 태몽을 응용하는 방법이 있어요. 임신을 전후로 태몽을 꾸지요? 엄마가 태몽을 꾸기도 하지만 남편이나 친정엄마, 시어머니 등 가까운 가족이 대신 꾸는 경우도 있어요. 그 태몽을 바탕으로 태명을 지으면 의미가 있겠지요. 복숭아 태몽을 꾼 어떤 부부는 태명을 '숭아'라고 지었다고 해요. 복숭아의 탐스러운 이미지를 반영해 '탐스'라고 지은 부부도 있지요.

순우리말로 태명을 짓거나 부부의 희망을 담아 태명을 짓는 경우도 있어요. '미래', '우주', '자연'과 같이 아기가 맑고 깨끗하고 원대하게 자라면 좋겠다는 희망이 이름으로 이어진 것이죠.

의미가 있는 태명도 좋지만 '기쁨'이나 '행복'처럼 부르고 싶고 듣기 좋고 부를 때 엄마의 마음까지 따뜻해지는 태명을 짓는 경우도 있고요.

태명을 지었다면 배를 쓰다듬으며 아기에게도 이야기해주세요.

"아가야, 엄마 아빠가 네 이름을 지었단다. '기쁨'이라고 지었는데 마음에 들어? 엄마에게 기쁨을 주고 행복을 주는 우리 아가, 자주 불러줄게. 너도 대답해줄 거지? 기쁨아."

수시로 변하는 아내의 기분,
위트 있고 따뜻하게 감싸주자

아내의 기분이 이랬다저랬다 하는 일이 잦아져요. 유난스럽다고 느낄 정도로 감정 기복이 심하다면 더 많은 관심이 필요하다는 뜻이에요. 그저 따뜻하게, 아주 따뜻하게 안아주세요. 특히 임신 기간이 한 주 한 주 늘어날수록 아내의 몸매 걱정도 같이 늘어나요. 만약 아내가 "난 몰라. 몸매는 어떡해"라는 말을 하면 위트 있게 위로해주세요.

"축하해. 고마워. 드디어 D라인이 되네. 우리 자기는 만삭일 때도 예술일 거야."

"우리 자기는 늘 예뻐. 눈물 나게 고마워. 우리 인생에서 최고로 행복한 시간들이 기다릴 거야."

최고의 찬사와 축하가 필요한 순간, 진심으로 감동하는 남편을 보면서 아내의 D라인에 대한 두려움이 환희로 바뀔 거예요.

임신부들은 임신하기 전보다 더 많이 불안해해요. 아내가 평소보다 많이 불안해한다면 "그래, 힘들지?", "생활방식이 바뀔까 봐 불안하구나" 하며 위로해주세요. 아내가 무엇 때문에 힘들고 불안한지에 대해 함께 이야기를 나누면 아내의 불안감을 줄일 수 있어요.

입덧의 괴로움, 입덧의 이로움

"끄억 끄억 하고 헛구역질을 하다 보면 온몸의 힘이 다 빠져요. 입덧이 끝났다 싶었는데 또 치밀어 올라 무서울 때가 많아요. 이러다가 유산되면 어쩌나 하는 생각에 운 적도 있어요."

임신하고 2개월이 지날 무렵이면 뭘 먹어도 속이 불편해서 음식을 보는 것도 힘든 시기가 있어요. 그 증상을 입덧이라고 해요.

입덧은 아기가 자궁에 착상하자마자 시작되는 임신의 첫 신호예요. 증상은 임신부마다 달라요. 어떤 임신부는 입덧이 있는 줄도 모르고 지나가고, 물도 마시지 못할 만큼 힘들게 입덧을 하는 임신부도 있어요.

그나마 다행인 것은 입덧이 아기에게 나쁜 영향을 끼치지 않는다는 점이에요. 가벼운 입덧은 오히려 엄마와 아기에게 좋다니 두려워 마세요. 임신하면 분비되는 호르몬인 HCG(융모성 생식선자극호르몬)

를 생산한다는 신호거든요. HCG는 엄마의 몸을 임신에 적합하게 하고 유산을 방지하는 호르몬입니다.

입덧보다 엄마와 태아에게 나쁜 영향을 주는 건 입덧에 대한 두려움이에요. 그러니 걱정도 두려움도 떨치고 당당하게 입덧을 받아들이면 좋겠어요. 구토가 나오면 뱃속 아기와 대화하세요. 그러면 입덧을 견디기가 훨씬 수월할 거예요.

"우리 아기, 건강하게 엄마 안에 잘 자리 잡고 있구나."
"네가 편안히 있게 하려고 엄마의 몸을 더 단단히 만드는 중이야."

메슥거림이 가시지 않고 하루 종일 꺼억 꺽 트림이 나오면 아기에게 한 번 더 말을 거세요.

"그래, 아가. 네가 엄마 뱃속에 있다는 거지? 알아달라는 거지?"

아기가 자신의 존재를 알리는 입덧, 아기가 말 건네는 현상이 입덧이라고 생각하면 입덧의 괴로움이 좀 덜할 거예요.

입덧 때문에 힘들겠지만,
무조건 잘 먹자

아기는 머리에서 발끝까지 엄마가 섭취하는 음식으로 만들어져요. 엄마가 맛있게 먹은 음식은 잘게 분해되어 혈액을 타고 가다가 태반에서 좋지 않은 것을 걸러낸 뒤에 영양분과 산소, 그 외에 필요한 것을 아기에게 전달한답니다. 그러니 잘 드셔야 해요. 입덧 때문에 먹기가 쉽지 않겠지만, 몸에 필요한 음식을 먹도록 노력해요.

입덧이 가장 심한 시기는 태반이 완성되는 임신 3개월까지라고 합니다. 입덧이 심하면 음식 냄새만 맡아도 구역질이 나는데, 엄마가 잘 먹지 못하면 태반이 엄마의 몸에서 영양분을 가져가거든요. 특히 칼슘을 많이 섭취하세요. 아기에게 칼슘이 충분히 제공되지 않으면 태반은 아기의 치아와 뼈를 만들기 위해 엄마의 치아와 뼈에서 칼슘을 가져가요.

똑똑한 아이를 낳고 싶다면 아기의 두뇌 발달을 위해 생선을 일주일에 두세 번 정도 먹는 게 좋아요. 생선은 태아의 두뇌 성장에 꼭 필요한 성분이며, 미숙아를 출산할 위험도 감소시킨다고 해요.

안타까운 점은 생선에서 비린내가 난다는 거예요. 평소에 생선을 좋아했던 여성도 임신 기간에는 피하게 되죠. 그렇잖아도 메슥거리고 울렁거리는데 생선이라니, 생각만 해도 역해질 거예요. 토할 것 같은 역겨움을 꾹 참고 창문 열고 온갖 조치를 취한 뒤 모처럼 생선 한 마리를 구웠다가 온종일, 정말 하루 종일 변기 잡고 웩웩거렸을 때의 괴로움은 겪어보지 않은 사람은 모르지요. 그렇더라도 생선은 드셔야 해요. 먼저 엄마를 위해 먹어야 하고요. 아기의 두뇌 발달에 필요한 성분이 들어 있거든요.

생선구이 등 조리를 할 때 냄새가 나고 잔향이 오래 남는 음식은 남편에게 얘기해 밖에서 사오는 건 어떨까요? 레몬을 살짝 뿌린 청어구이나 고등어구이를 퇴근길에 사서 들고 온다면 입덧을 해도 큰 거부감 없이 먹을 수 있고 뱃속 아기의 건강도 챙길 수 있어요. 생선 요리는 일주일에 두세 번이 좋아요. 어떤 방법이든 남편과 상의해서 꼭 챙겨 드세요.

엽산도 중요합니다. 통곡물, 녹색 잎채소, 자몽, 바나나, 콩, 유제품 등을 부지런히 드시고 엽산 보조제도 복용해보세요.

이 모두가 엄마의 몸을 건강하게 하고 똑똑한 아기를 출산하는 비결이랍니다.

"아가야, 엄마가 무엇이든 잘 먹을 테니 건강하고 똑똑하게 자라거라."

아내의 변덕은 뱃속 아기의 신호

밤늦은 시간, 순대가 먹고 싶다는 아내를 위해 순대를 사들고 아파트 입구로 들어서는데 아내로부터 전화가 걸려옵니다.

"자기야, 떡볶이도 샀지?"

'아니'라는 말이 목까지 차오르지만 "그럼!"이라고 대답하고는 오던 길을 되돌아가 떡볶이까지 사서 들고 현관문을 들어섭니다. 그런데 순대를 보자마자 아내가 얼굴을 찡그리며 말합니다.

"뭐야, 순대 다 식었잖아. 비린내 나. 안 먹어. 오빠나 다 먹어."

'떡볶이도 사오라고 해서 그거 사느라 순대 식은 거잖아'라고 대꾸하고 싶겠지만, 그래도 화내지는 마세요. 아내가 변덕을 부렸다기보다 아기의 신호를 아내가 전달했을 뿐이거든요.

내일 밤 또다시 아내가 이런저런 음식을 주문하며 변덕을 부려도 이해해주는 관대한 남편이 지금 아내에겐 필요합니다.

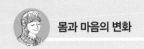

임신 초기(임신 확인~12주)

● 내 안에 아기가 생겼다는 사실에 기쁘지만, 한편으로는 이런저런 걱정이 많을 거예요. 이 시기에 잠을 설쳤다는 임신부도 많더라구요. 그러나 이 시기는 아기의 성격과 신체기관, 뇌세포가 형성되는 중요한 시기인 만큼 평정심을 유지하는 게 아주 중요합니다. 남편과 함께 아기의 태명도 짓고, 좋아하는 음악을 듣고, 날씨 좋은 날엔 산책도 하면서 마음을 편안히 가지세요.

● 그전과 똑같이 생활하는데도 훨씬 더 피곤하고 자꾸 졸음이 쏟아질 수 있어요. 직장을 다니는 여성이라면 직장생활에 불편함을 느낄 정도죠. 이는 임신으로 증가한 프로게스테론 호르몬의 영향이에요. 틈틈이 몸을 쉬어주고, 가벼운 산책으로 기분을 전환하고, 숙면을 취하는 것이 좋습니다. 직장에 다닌다면 가까운 동료들에게 임신 사실을 알리세요.

● 착상혈이 보일 수 있지만, 착상혈이 아닌 점성 출혈이나 심한 출혈이 비치면서 복통까지 있다면 꼭 병원에 가야 합니다. 자궁경부가 붓거나 자궁 입구에 폴립이 있어서 생긴 출혈이라면 임신에 큰 영향을 끼치지 않지만, 자궁외임신이나 유산으로 출혈이 생길 수 있거든요.

● 투명하거나 우윳빛 질 분비물이 증가해요. 질 벽이 두꺼워지고 혈류가 증가하면서 나타나는 현상이에요. 만일 아랫부분이 가렵거나 통증이 있다면 질염일 수 있으니 꼭 진료를 받으세요.

● 유방이나 겨드랑이 부분이 단단해지면서 통증이 있을 수 있어요. 그럴 땐 마사지를 하면서 통증을 줄이세요. 유방 통증은 시간이 지나면 자연스럽게 사라지니 너무 걱정 마세요.

몸으로 느껴지는 아기의 존재

임신하고 5개월이 지나면서 몸이 조금씩 무거워지기 시작할 거예요. 겉으로는 크게 티가 나지 않지만 아랫배가 점점 묵직해지면서 아기의 존재가 더 가까이 와 닿기 시작하죠.

배 나오는 시기는 임신부마다 다르지만, 통상적으로 12주를 지나면 배가 조금씩 불러오기 시작하면서 숨 쉬기도 예전과 같지 않습니다. 다리는 띵띵 부어오르고, 배가 무거워 옆으로 눕지도 못하고, 숨소리도 제법 거칠어집니다. 그야말로 임신부 '환자'가 되어가는 것 같지요. 어른들이 종종 "그래도 뱃속에 있을 때가 편하다"고 하시는데, 그 말이 귀에 들어오기보다는 아기가 빨리 태어났으면 하는 생각도 듭니다. 내 몸이 내 몸 같지 않거든요.

하지만 너무 걱정하지 마세요. 이러한 몸의 변화는 "세상에 빨리 나오고 싶다"는 아기의 아우성이랍니다. 그러니 숨이 가빠오면 아기에게 말을 거세요.

"아가야, 세상에 빨리 나오고 싶구나. 그 마음을 알리려고 크게 숨을 쉬고 발로 엄마 다리를 누르고 있는 거니? 답답하더라도 조금만 기다리렴. 그럼 곧 만날 수 있을 거야."

그렇게 한 가족이 되어간다

몸이 조금씩 무거워지면서 힘든 건 비단 몸만이 아니지요. 마음까지 힘이 듭니다. 그런데 아빠가 될 남편은 천하태평인 것 같아서 화도 나고 서운하기도 할 거예요.

아기를 갖고 난 후 남편에 대한 섭섭함이 늘어났다는 엄마들이 의외로 많습니다. 억울하다는 엄마도 있고요. 혼자서 서운함과 억울함을 삭이다가 결국 힘든 몸과 마음을 남편에게 쏟아냅니다.

"3포 시대라는 말이 괜히 있는 게 아니야. 나는 이렇게 힘든데, 나는 잠도 못 자는데, 자기는 잠이 와?"

임신을 하면서 겪는 변화가 이루 말할 수 없이 다양합니다. 대체로 '힘든 변화'죠. 좋아하던 음식이 갑자기 역겨워지고, 뭘 먹어도 맛이 없고, 먹는 게 줄어들다 보니 변비가 심해져 신체리듬이 깨져버리는 건 다반사입니다. 그뿐인가요? 회사에 다니던 사람은 아침잠이 늘어난 것은 물론이고 주변의 시선을 의식하면서 하루 종일 몽롱한 기분과 싸우다가 퇴근합니다. 그러다가 퇴사를 결정하는 임신부도 많지요. 그런데 남편은 여전히 잘 먹고, 잘 자고, 결혼 전보다 더 안정되고 세련된 모습을 하고 있는 것처럼 보입니다. 결혼은 두 사람에게 주어진 축복이었으나 임신을 하면서 여자이기 때문에 포기한 것들만 눈에 보일지도 모릅니다.

하지만 아내의 뱃속에 있는 아기를 생각할 때마다 남편도 자다가 깰 때가 한두 번이 아니에요. 가장으로서 책임감에 벌써 어깨가 무겁고, 앞으로 이 아기가 우리의 인생을 어떻게 바꾸어놓을지 설레고 두렵죠. 아기를 가진 후 아내의 몸이 변하고 예민해질수록 남편이 겪는 두려움은 더 커집니다. 어떤 남편들은 아기가 생긴 뒤로 아내의 관심이 자기 몸의 변화와 뱃속 아기에게만 향해서 서운하다고 얘기합니다.

임신은 아내는 물론이고 남편에게도 큰 변화입니다. 남편이 소외감을 느끼지는 않는지 헤아려주고, 엄마로서 겪는 변화와 아빠로서 겪는 혼란을 솔직하고도 깊이 이야기 나눠보세요. 그 대화를 들으며 뱃속의 아기는 기쁜 마음으로 "우리 엄마, 아빠가 날 맞이할 준비를 하는구나" 하고 생각할 거예요.

지금의 불편함은 나와 아기, 남편을 이어줄 강한 결속력의 한 과정인지도 모릅니다. 하루아침에 능숙한 엄마 혹은 아빠가 될 수는 없잖아요. 엄마가 겪는 다양한 변화 속엔 세 사람의 사랑, 인내, 배려심, 강한 체력을 확인하는 과정이 포함됩니다. 아기는 분명히 엄마와 아빠의 숨겨진 인간적 매력과 초인적인 면까지 이끌어낼 거예요. 그렇게 세 사람은 가족이 되어갑니다.

잘 자란다는 신호, 아기의 발길질

병원에서 초음파검사를 하면 팔다리와 손가락, 발가락이 꼼지락거리는 게 보이고 콩콩 하는 심장박동 소리도 들립니다. 아기가 건강히 잘 자라고 있다는 신호입니다. 아직은 컴퓨터 모니터로밖에 볼 수 없지만, 외부 자극에 반응하는 아기가 참으로 신기합니다. 그리고 서서히 아기의 태동이 느껴지기 시작할 거예요. 아기가 성장하니 자궁이 좁게 느껴지고 그만큼 자궁벽을 치게 되는 것이지요. 태동은 '엄마, 나 잘 자라고 있어요'라는 아기의 말입니다.

엄마의 뱃속에 자리 잡은 지 4~5개월이 된 태아는 눈을 뜨고 감을 수도 있고 소리도 들을 수 있어요. 본격적인 대화를 나눌 준비가 된 것이지요. 태동은 18주 전후로 강해지면서 28주 전후로 절정에 이르렀다가 그 후 출생까지는 어느 정도 감소합니다. 태아의 움직임은 생후의 복잡한 행동의 기반이 된다고 해요.

그러니 아기가 움직이거나 발길질을 하는 것이 느껴지면 그 부위를 어루만지며 대화를 해보세요. 엄마의 기분, 엄마의 마음, 엄마가 하는 일에 대해 이야기해주고 엄마가 읽고 있던 책의 제목과 내용을 읽어주는 것도 좋아요. 많이 들려주고 아기와 대화를 하듯 말을 건네보세요.

"아가, 잘 있어요?"
"엄마가 맛있는 사과 먹었는데 우리 아가도 맛있게 먹었어요?"
"지금 엄마가 책 읽고 있는데 들려줄까요?"

아기에 대한 마음을 표현하는 것도 좋아요.

"사랑하는 아가야, 엄마 품에 안긴 보석 같은 내 아가. 맘껏 움직이고 맘껏 자고 잘 자라렴. 고마워. 건강해서 정말 고마워."

그리고 발길질 대답에 귀를 기울여보세요. 아기가 뭐라고 하나요?
참! 아기가 잠잠할 때는 쉬고 있다는 의미이니 태동이 느껴질 때 말을 거는 것이 더 좋겠지요.

좋은 것만 보고 좋은 생각만 하자

  아기가 뱃속에서 무럭무럭 잘 자라고 있네요. 아기는 얼마나 자랐을까요?

과학적으로 밝혀진 사실에 의하면 임신 7주경에 근육에 연결된 신경이 형성되면 그때부터 아기는 그 신경을 사용해 팔과 다리를 흔든다고 해요. 그리고 임신 18주 동안 50만 개에 이르는 신경세포들이 만들어지는데, 그것들 중에서 많은 수가 평생 유지된다고 합니다.

그뿐인가요? 엄마가 아기의 발길질을 느낄 무렵부터 태아는 소리를 듣기 시작해요. 아기가 매일 매 순간 듣는 소리는… 맞아요, 엄마의 심장박동입니다. 엄마의 뱃속에 있는 동안 꾸준히 들어온 심장박동 소리는 아기에겐 편안한 소리, 기분 좋은 소리입니다.

어느 관찰 결과에 의하면 병원의 신생아실에 있는 아기들에게 심장박동 소리를 들려주었더니 심장박동 소리를 들려주지 않은 다른 신생아들보다 체중도 많이 늘고 덜 울었다고 해요. 아기들이 품에 안기는 걸 좋아하는 것도 심장박동 소리를 좀 더 가까이에서 들을 수 있기 때문이에요.

엄마의 심장박동 소리에는 엄마가 느끼는 감정이 고스란히 담겨 전해져요. 특히 심장이 빠르게 뛸 때 아드레날린과 코르티솔 같은 스트레스 호르몬이 생성되는데, 그 호르몬들이 태반으로 스며들어 태아의 혈류에 침투하면 아기의 심장도 빨리 뛰고 스트레스 반응도 되풀이되지요. 그러니 무엇보다 심장박동을 고르게 유지하는 게 중요합니다.

엄마의 심장박동 수를 올리고 불규칙하게 만드는 일은 피하세요. 엄마와 뱃속 아기 모두에게 나쁜 영향을 미치는 일이니까요. 그래서 어른들이 "임신 기간에는 좋은 것만 보고 좋은 생각만 하라"고 말씀하시나 봅니다.

무엇을 생각하면 기분이 좋아지나요? 그러면 그 일을 생각하세요.

어떤 일을 떠올리면 행복해지나요? 그러면 그 일을 떠올리세요.

뱃속 아기가 엄마의 감정을 느끼고 방긋 웃을 표정을 상상해보세요. 그리고 이렇게 속삭여보세요.

"아가야, 너로 인해 엄마는 얼마나 행복한지 몰라."

책을 읽고, 산책을 하고, 음악을 듣고, 남편의 손을 잡으며 걷고, 카페에 앉아 풍경을 바라보고… 어떤 것이든 기분이 좋아지는 일이라면 미루지 말고 하세요.

아내의 스트레스를 줄이는 방법

이 시기에 접어들면 남편은 아내의 심장박동을 지켜주는 파수꾼 역할을 해야 합니다. 아내의 심장박동은 뱃속 아기에게 안정감을 주고 아내의 건강도 유지시켜주는 중요한 척도거든요. 어떻게 하면 임신한 아내의 심장박동을 고르게 지켜줄 수 있을까요?

- 아내가 싫어하는 일은 하지 않습니다. 아내가 어떤 결정을 하든 무조건 옳다고 하세요.
- 아내와의 약속은 꼭 지킵니다. 남편의 입장에서 사소해 보이는 약속도 아내에게는 사소할 리 없는 중요한 약속입니다.
- 아내와 많은 시간을 함께 보냅니다. 임신한 아내와 함께 시간을 보낸다는 건 이 시기에 그 어떤 일보다 중요합니다. 저는 이렇게 말합니다. 가정과 세계 평화에 이바지하는 일이라고….

얼핏 보면 당연하고 쉬워 보이지만 직장을 다니는 남편들에겐 쉽지 않은 일인지도 몰라요. 하지만 아내 앞에서 노력하는 모습을 보인다면 아내의 심장박동, 그리고 아기의 기분은 언제나 평온할 거예요.

배는 불룩, 피부는 간질간질…

엄마가 되는 것은 기쁜 일이지만 마음 한편으로는 몸매가 망가질까 봐 걱정도 됩니다. 그래서 "어머, 아기 가진 줄 몰랐어요"와 같은 이야기를 들으면 자신감도 생깁니다.

만약 엄마가 임신 때문에 몸매가 망가지는 것을 속상해하는 걸 알면 뱃속의 아기는 어떤 반응을 보일까요? 아마 무척이나 서운해할 거예요. 엄마가 예쁜 모습을 인정받고 싶듯 자신의 존재를 인정받고 싶은 건 뱃속의 아기도 마찬가지니까요. 엄마가 자신이 무얼 원하는지를 알아채주고 예뻐하고 배려해주기를 뱃속 아기는 무엇보다 바라고 있어요.

그러니 임신한 기간 동안은 몸을 조이는 옷으로 몸매를 부각시키기보다는 뱃속의 아기와 엄마가 모두 편한 옷을 입어주세요. '부른 배를 한껏 내밀고 다니는 배짱을 지금 아니면 언제 부려봐' 하는 마음으로요. 그리고 뱃속 아기에게도 말해주세요.

"네 덕분에 자랑스럽게 배를 내밀고 다닐 수 있게 됐어."

배가 나오면서 살이 틀 수 있어요. 한번 튼 살은 회복되지 않으니 임신부용 튼 살 예방 크림을 미리미리 바르며 뱃속 아기와 이야기를 나누세요.

"아가, 무럭무럭 잘 크고 있구나. 엄마의 배가 불룩해. 그런데 네가 쑥쑥 자랄수록 엄마의 뱃살이 간지럽네."

참! 출산 후에 모유 수유를 할 생각이라면 지금부터 유방 마사지를 시작하세요. 유방 마사지는 모유를 잘 나오게 하고 젖몸살도 줄여준답니다.

즐겁고 행복한 자극으로 오감 전하기

임신 7개월은 아기의 오감이 발달하는 시기입니다. 그뿐이 아니에요. 여아와 남아에 따라 뇌가 차이를 보이기 시작하고 성격도 형성된답니다.

더 놀라운 사실은 뱃속 아기가 학습을 시작한다는 거예요. 인간의 뇌를 이루는 뉴런이라는 세포가 임신 6개월부터 만들어지기 시작해서 태어날 무렵엔 어른과 거의 비슷한 1000억 개가량이 완성됩니다.

그러니 뱃속에 있는 아기가 느낄 수 있게 힘껏 배를 내밀고 맘껏 세상구경을 시켜주세요. 배를 내민다는 건 '네가 자랑스럽다'는 엄마의 몸짓입니다. 원하는 만큼 보고, 듣고, 느끼고, 배우라는 의미이기도 하고요.

이왕이면 좋은 세상을 보여주세요. 하늘도, 바람도, 사람도, 풍경

도 아기와 엄마를 위해 존재하는 것처럼 맘껏 누리세요. 엄마의 발걸음이 아기의 발걸음이고, 엄마의 시선이 아기가 보는 세상입니다. 이때 엄마가 말로 표현해주면 더욱 좋겠지요.

"오늘 바람이 참 향기롭다. 흠흠."

하지만 세상엔 늘 좋은 풍경이나 소리만 있지 않습니다. 아기에게 보여주기 싫은 장면이나 소리가 있다면 엄마가 거름망의 역할을 해주면 좋을 것 같아요. 혹시 찌푸릴 일이나 언짢은 상황이 생기면 짜증을 내기보다는 긍정적으로 재해석해서 이야기해주는 것이죠.

이런 모습을 본 적이 있습니다. 누군가 길가에서 담배를 피우다 꽁초를 길에 버리더니 침을 뱉었습니다. 누가 봐도 얼굴을 찌푸릴 장면이지요. 그런데 저와 같이 그 광경을 지켜본 임신부가 이렇게 말했습니다.

"에구, 우리 애기 담배 냄새 안 맡게 엄마가 코 막을게요. 그런데 오늘 하늘이 정말 아름답다."

그리고는 걸음을 재촉하더니 배를 감싸고 하늘을 바라보더군요. 뱃속 아기가 참 행복하겠다는 생각이 들면서 저마저 불평하려던 마음이 사라졌습니다.

오감이 발달하는 뱃속 아기에게 엄마의 오감은 절대적인 기준이에요. 아주 사소한 감각이라도 말이에요. 그러니 손을 닦더라도 물의 느낌과 비누의 느낌을 아기와 공유해보세요.

"와, 물이 따뜻하네. 아가야, 너도 느껴지니?"
"비누 거품이 참 부드러워. 태어나면 이 부드러움 같이 느끼자."

양육 계획, 남편과 미리 의논하자

임신부에게 출산일은 기다림의 디데이D-Day이지요. 하지만 막상 출산을 하고 나면 아기를 돌보느라 온몸이 바빠져요. 아기는 낮밤 가리지 않고 울고, 여전히 잠은 쏟아지고, 배는 마음만큼 들어가지 않아 신경이 쓰이고…. 그렇게 기다린 아기이건만 아기 키우는 기계가 된 것 같아서 우울한 마음마저 듭니다. 육아의 기준이나 방향성을 생각할 여유는 더더욱 없지요.

그래서 육아에 대한 이야기는 지금 나누어야 해요. 절대 이르지 않습니다. 남편과 육아에 대한 생각을 공유하지 않고 아기를 만나면 육아가 노동이 되어 아기를 키우는 기쁨은커녕 오히려 부부 갈등과 위기를 겪을 수 있습니다. 부부의 위기는 곧 아기의 불행입니다. 아기는 무한 돌봄이 필요한 연약한 존재인데, 그 돌봄의 주체인 부모가 의견이 서로 달라서 갈등 상황에 놓이면 그 자체가 아기에게는 절체

절명의 위기입니다.

그러니 아기가 태어났을 때 일어날 수 있는 상황, 부딪힐 상황을 미리 생각해보고 서로 메모하며 이야기를 나누세요. 육아에 대한 남편의 생각과 나의 생각을 솔직하게 털어놓고 차이가 많이 나는 부분은 조율해요. 부부가 배를 쓰다듬으며 태명을 부르고 아기에 대한 사랑을 표현하는 것은 물론, 아기 돌봄에 대한 이야기는 많이 나누면 나눌수록 좋습니다.

남편과 함께 상의해야 할 육아 문제들을 정리해보았으니 활용해보세요.

- 산후조리는 어디서 얼마 동안 할 것인가? 산후조리 예산은?
- 산후조리 기간 동안 남편은 어디에서 지낼 것인가?
- 육아휴직은 얼마나 쓸 것이며, 어떻게 활용할 것인가?
- 출산 후에 모유 수유를 할까, 분유 수유를 할까? 분유 수유를 할 경우 남편도 분유 수유 방식을 함께 익히자.
- 기저귀 갈기 및 목욕 시키기는 어떻게 할까?

이 외에도 가까스로 잠들었는데 새벽 1시에 깨어나 우는 아기는 누가 달랠지, 맞벌이 부부라면 수면 부족으로 생기는 문제는 어떻게 감당할지도 함께 이야기 나누세요. 부부 중에서 누가 새벽형 혹은 올

빼미형인지를 분석하고 부부간의 갈등 상황을 최소화하는 아이디어를 수없이 모으세요.

이때 아기를 돌보는 시간이나 노동량을 남편과 아내가 무조건 공평하게 나누기보다는 맞벌이 부부, 주말 부부 등 생활의 방식에 따라서, 그리고 아내와 남편의 건강 상태를 고려하면서 터놓고 의견을 조율하면 좋습니다. 그러다 보면 부부 사이도 더 단단해질 거예요.

아빠로서 할 일을 미리 알아두자

'육아는 엄마 몫'이라는 생각은 이제 통하지 않아요. 아빠로서 육아에 동참하고 함께 하는 것이 가정의 평화와 아기의 성장 발달에 아주 좋답니다.

아빠로서 육아의 어느 부분에 기여할 수 있을지 구체적으로 알아보면 다음과 같습니다.

- 배냇옷, 젖병, 보행기, 아기 욕조 등 아기 용품을 구입하거나 준비할 때 아내와 함께 하세요.
- 아기 용품 등을 선물받았을 경우에도 아내와 함께 보며 용도 및 사용 방법 등을 이야기 나누세요.
- 목욕시키기, 수유 방법, 기저귀 갈아주기 등 육아에 필요한 기술을 익히세요. 아내와 함께 출산과 아기 돌보기 프로그램에 참여하면 쉽게 익힐 수 있어요.
- 아기 안는 것이 어색할 수 있습니다. 아기 안아보기를 연습하세요.

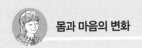

임신 중기(임신 13주~28주)

● 이제부터 뱃속 아기와의 교감은 말로 하세요. 임신 12주경부터 태아의 청각이 발달하기 시작하거든요. 임신 12주에 들어서면 뱃속의 아기는 엄마의 심장 박동 소리나 장이 움직이는 소리를 듣기 시작하고, 임신 20주 전에 엄마 목소리를 인식하고, 임신 24주 무렵에는 다른 사람들의 목소리와 엄마의 목소리를 구분할 수 있다고 해요. 뱃속 아기의 뇌 발달에 가장 도움을 주는 감각기관도 청각 기관이라고 하니 사랑하는 마음을 말로 전하고 즐겁고 아름다운 음악을 많이 들려주세요.

● 빈혈이 생길 수 있으니 철분제는 반드시 복용하세요.

● 오래 서 있거나 앉아 있다가 일어나면 어지럼증이 생길 수 있어요. 혈관은 확장됐지만 아직 혈액량이 충분치 않아 혈압이 낮아지면서 생기는 증상이에요. 갑작스레 자세를 바꾸거나 너무 오래 서 있지 않는다면 예방할 수 있어요.

● 변비와 치질을 조심해야 하는 시기예요. 임신 중에는 장운동이 감소하고 자궁이 커지면서 직장을 압박해 변비가 잘 생기거든요. 변비가 있는 상태에서 정맥압까지 높아지면 치질이 생길 수도 있습니다.

변비약을 먹을 수 없으니 음식에 신경 쓰세요. 과일과 채소, 물을 자주 먹고 규칙적으로 가벼운 운동을 꾸준히 하면 변비와 치질을 예방할 수 있어요.

● 배 한가운데에 임신선이 생기고 목과 얼굴에 임신성 기미가 생길 수 있어요. 젖꼭지의 빛깔도 진해지는데, 출산하고 나면 없어지니 너무 걱정하지 마세요.

● 가끔 배가 뭉치는 느낌이 들 거예요. 자연스러운 현상이지만, 배 전체가 주기적으로 뭉치면서 출혈까지 있다면 병원의 진료를 받아보는 것이 좋습니다.

● 잇몸이 약해져서 칫솔질을 잘 못하면 출혈이 생길 수 있어요. 방치하면 치주염이 될 수 있고, 심하면 태아에게도 안 좋은 영향을 줄 수 있어요. 가급적 부드러운 모의 칫솔을 사용하고, 양치질은 가볍게 하세요.

● 호르몬의 영향으로 살이 트기 시작해요. 살이 트기 시작하면 가려움증이 생기기도 해요. 임신 기간에 튼 살은 출산 후에도 없어지지 않으니 미리 예방하는 것이 가장 좋아요. 피부가 건조해지지 않도록 수분을 꾸준히 섭취하고, 오일과 크림을 자주 발라주세요.

엄마의 스트레스는 뱃속 아기에게 고스란히 전달된다

임신 기간에는 예민해지고 의기소침해지며 몸도 마음도 힘들어 서운함도 잘 느낍니다. 스트레스 지수도 높아지죠. 스트레스는 식욕을 떨어뜨리고 심장박동을 빠르게 하고 혈압을 올려 뱃속 아기를 불안하게 만듭니다. "혈압 올라", "아, 심장 뛰어" 같은 엄마의 한마디는 아기의 혈압을 높이고 심장박동 수를 올립니다. 뱃속의 아기가 힘들면 성장에 안 좋은 건 당연합니다.

적절한 스트레스는 사람이 살아가는 데 활력으로 작용하지만, 분명한 건 임신부가 오랜 시간 동안 강도 높은 스트레스에 노출되면 저체중아나 예민한 아기를 낳을 수 있어요. 그러니 엄마의 스트레스를 가급적 줄여야 합니다.

요즘 신경을 건드리는 일이 있나요? 그 일을 피할 수 없다면 덜 보고 덜 생각하려는 노력을 하세요.

요즘 기분을 의기소침하게 만드는 일이 있나요? 저의 한 후배는 석사과정 중에 임신을 했어요. 어느 날 대학원 동기 모임에 나갔다가 엄청 의기소침해져서 돌아왔어요. '누구는 논문만 쓰면 학위를 받는데 나는 언제 출산하고 언제 학기 마치나' 하는 생각이 원인이었습니다. 그런데 그날 밤에 불면 증세가 생기고 배까지 당기더랍니다. 뱃속의 아기가 엄마의 의기소침한 감정을 눈치 챈 것이죠.

혹시 제 후배처럼 출산 후에 벌어질 일들 때문에 마음이 위축되어 있다면 뱃속 아기에게 솔직히 말하세요.

"아가야, 너무 미안해. 경쟁이 심한 세상이다 보니 엄마가 자꾸 불안해지나 봐. 잠시 삶의 속도를 늦췄을 뿐인데…. 너에게까지 스트레스를 줘서 미안해."

마음이 편해지는 활동을 하자

힘겨운 일, 인간관계에서 오는 긴장감, 노여움 등은 임신부에게는 절대 피해야 할 강도 높은 스트레스이지만 아예 없을 순 없어요. 스트레스가 생길 때를 대비해 마음을 편안하게 하고 기쁘게 하는 몇 가지 방법을 알아두도록 하세요.

피아노든 플루트이든 악기 연주를 취미로 배우는 것을 추천합니다. 음악 듣기, 영화 보기, 춤추기는 어떨까요? 색칠하기, 노래 부르기 등 마음을 편하게 해주고 아기에게 집중할 수 있게 하는 어떤 활동이든 좋아요. 좋은 글을 필사하거나 시를 읽어주면서 아기에게 말을 거는 것도 좋습니다.

"자세히 보아야 예쁘다. 오래 보아야 사랑스럽다. 너도 그렇다. 아가, 나태주 시인의 〈풀꽃〉이라는 시야. 아가, 엄마는 네 생각만 하면 기분이 아주 좋아. 예쁘고 사랑스러운 아가, 잘 자라고 있어 고마워."

웃음으로 스트레스를 이기고 우울감을 줄이자

단 1분의 웃음이 30분의 휴식보다 낫다고 해요. 웃음은 스트레스를 해소시키기 때문이지요. 웃음은 혼자보다 여럿이 함께할 때 스트레스 해소 효과가 더 크고 임신부와 뱃속 아기 모두에게 좋아요.

여럿이 함께 웃으며 즐거움을 느낄 수 있는 활동으로 모임을 추천합니다. 다양한 사람들을 만나서 생각지도 못한 이야기를 들을 수 있고, 혼자 있는 시간이 줄어들어 임신부들이 겪는 특유의 고립감을 줄이는 장점도 있지요. 하지만 여러 사람들이 모이는 자리가 영 어색하고 오히려 기분이 편하지 않다면 일부러 모임을 나갈 필요는 없어요. 불편한 모임은 외로움을 느끼게 하고 에너지만 소진시켜서 아기에게 쏟을 마음을 메마르게 할 수도 있거든요.

임신 기간의 우울감은 앞으로 벌어질 일에 대한 걱정 때문에 생기기도 해요.

'건강한 아기를 낳을까?'

'아기를 잘 키울 수 있을까?'

'경단녀(경력 단절 여성)가 되면 어쩌지?'

'누구에게 맡겨야 안심하고 잘 키울까?'

이런 고민이 켜켜이 쌓이고 커지다 보면 아기에 대한 미안함, 남들보다 뒤처지고 있다는 불안감으로 이어져 결국 우울해지죠. 임신부라면 누구나 겪는 고민이지만, 유독 나만 이런 고민을 하는 것 같아서 일상에 그늘이 드리웁니다.

앞에서 '고립감'을 잠시 언급했는데, 실내에 머무르는 시간이 많은 임신부들에게 고립감은 우울감을 높이는 적이에요. 산후우울증만 있는 게 아니에요. 임신 기간에 우울감을 겪는 임신부들이 정말 많아요.

'행복해서 웃는 게 아니라 웃어서 행복하다'는 윌리엄 제임스의 말을 수시로 떠올리면 좋겠습니다. 즐거운 일이 많아서가 아니라 자신을 행복하게 만들 일을 스스로 찾는 것이 중요해요. 비록 많이 움직이지는 못하지만, 흐르는 강물같이 유연하게 즐거움과 유쾌함을 즐길 활동들을 찾아보세요. 뱃속 아기도 함께 웃을 수 있는 활동이면 더욱 좋겠죠? 이런 활동들은 어떨까요?

- 친구 만나 수다 떨기! 만날 시간이 없으면 전화로라도 수다 타임 갖기
- 친정엄마와 쇼핑하기
- 임신과 출산 강좌 들으러 가기
- 걷기나 체조, 분만을 위한 골반 강화 운동하기
- 종교 활동하기, 커뮤니티, 봉사활동하기

뱃속 아기를 격려하며 출산 준비하기

예전의 엄마들, 그러니까 할머니 세대의 엄마들은 출산일이 다가오면 고무신을 새하얗게 빨아놓고 장롱을 정리하고 집 안 구석 구석을 청소했다고 합니다. 마치 '마지막 날'을 맞은 사람처럼 말이죠. 출산을 앞두고 그렇게 야무지게 정리를 한 것은 그 당시의 출산이 죽음과도 맞바꿀 수 있을 만큼 위험한 일이었기 때문이에요.

의학의 힘을 빌리지 않은 예전의 위험천만한 출산, 그로 인한 두려움은 요즘은 찾아보기 힘들지만 여전히 출산을 앞둔 엄마는 무섭고 걱정스럽습니다. 수중분만을 계획했거나, 분만을 위해 꾸준히 운동을 하며 준비했거나, 바쁜 생활 때문에 출산 예정일 정도만 알고 있는 워킹맘도 출산이 임박했음을 알리는 신호를 감지하면 두려움이 증폭됩니다.

38주 전후는 출산이 임박한 시기입니다. 일반적으로 38주를 채우면 태아는 스스로 몸의 위치를 변경하며 몸 전체를 모체의 자궁 경부 가까이로 이동합니다. 엄마를 만나기 위해 머리를 자궁 경부로 향하도록 스스로 이동하는 것이지요. 생명의 신비야 이미 수정과 착상 단계에서부터 느껴왔지만, 탄생하기 위한 아기의 노력은 그야말로 '눈물겨운 신비'입니다.

출산이 가까워지면서 힘겨운 과정을 감내하는 뱃속 아기를 위해 이런 인사를 꼭 해주세요.

"아가, 엄마를 만날 시간이 다가오네. 아가야, 많이 힘들 수도 있어. 그렇더라도 엄마 아빠와 만날 날을 기대하면서 힘을 내줄래? 엄마도 힘낼게. 아가, 정말 고맙고 사랑해. 우리 반갑게 만나자."

세상 밖으로 나오기 위한 아기의 사투를 생각하면서 엄마도 힘을 내주세요.

출산하는 아내 곁을 지키자

출산은 엄마와 아빠, 아기 모두에게 두려운 과정입니다. 그중에서도 엄마는 자기 자신과 아기까지 책임져야 하는 부담감이 엄청나요. 그러니 남편이 곁을 지켜주면서 아내가 느낄 두려움과 외로움을 달래주어야 합니다.

우선, 출산 예정일 2~3개월 전부터 부부가 함께 분만 형태를 결정하고 준비합니다. 요즘 많은 임신부들이 관심을 보이는 분만 형태로는 라마즈 분만과 수중 분만이 있어요. 라마즈 분만은 진통의 고통을 줄여주고 남편이 분만 과정에 적극 참여하는 장점이 있어요. 진통 시 연상법, 이완법, 호흡법 등을 부부가 함께 연습합니다. 수중 분만은 양수와 동일한 조건에서 아기를 낳는 방법으로, 따뜻한 물이 산모의 근육 이완을 도와 진통을 덜어주는 장점이 있어요. 이 외에도 다양한 분만법이 있으니 출산을 할 병원에 문의해본 뒤에 결정하세요.

남편에게 갑작스런 출장 같은 불가피한 일이 있는 게 아니라면 출산의 전 과정을 부부가 함께하기를 권합니다. 만일 출산 과정을 함께하지 못한다면 아내에게 충분히 양해를 구하고 남편을 대신할 든든한 지원자(산모가 원하는 사람)가 산모 곁에서 출산의 전 과정을 함께할 수 있도록 대책을 마련해두세요.

진통의 시작

새벽까지 같이 얘기를 나누던 남편이 잠시 잠이 들고 친정엄마도 자리를 비운 사이에 조금씩 배가 아파옵니다. 진통은 이렇게 엄살조차 받아줄 사람이 없을 때 시작되지요. 드라마를 보면 진통이 올 때 남편의 머리채도 잡아당기고, 뭐라 뭐라 거친 말도 하던데 현실은 많이 다릅니다.

시간이 지날수록 강도 높은 고통이 몰려오는데, 경험자들은 하나같이 출산의 고통에 대해 정말 죽을 것 같았다고 말합니다. '아프다'고 느낄 때쯤 '이러다 죽을 것 같다'는 생각이 절로 났다고 해요. 한 바퀴 배를 휘젓는 고통이 있고, 화장실이 급하다 못해 마치 항문이 빠지는 느낌이 들고, 끝나지 않을 고통의 동굴 속으로 빨려 들어가는 것 같습니다. 하지만 동굴이 아니라 터널을 지나서 환한 길로 나서는 통과의례이니 안심하세요.

일반적인 임신 기간은 40주이지만 42주가 되어도 출산의 조짐이 보이지 않는 경우가 있어요. 임신성 고혈압이나 무산소증, 기형 등 원인은 여러 가지가 있지만 특별한 원인 없이 출산일이 늦어지는 경우도 있으니 너무 불안해하지 마세요. 불안한 마음은 엄마에게도 아기에게도 전혀 도움이 안 된답니다. 만일 42주가 지나도 출산의 조짐이 보이지 않으면 양수의 질이 나빠지는 등 아기에게 생길 문제를 염려해 병원에서는 보통 유도분만을 시행해요.

진통에 대한 걱정만큼이나 출산을 앞두고 이런저런 고민이 많을 거예요. 그동안 태교를 너무 소홀히 해온 것은 아닌지, 진통이 길어지지는 않을지, 태어날 아기에게 예측하지 못한 문제가 있지는 않을지 등 불안감도 커지죠. 하지만 당신과 뱃속 아기 모두 그동안 너무 잘해왔어요. 그러니 뱃속 아기에게 칭찬을 듬뿍 해주세요. 배를 쓰다듬으며 "엄마가 네게 최선을 다했어. 잘했지?", "잘 커줘서 고마워", "엄마를 사랑해줘서 고마워", "너를 빨리 만나고 싶어", "우리 힘내자!"라고 진심을 전하세요. 옆에서 지켜보며 마음을 졸여온 남편에게도 그동안 애썼다고 표현해주세요. 아마 예민해진 아내와 뱃속 아기를 편하게 해주느라 알게 모르게 힘들었을 거예요.

우리 가족의 새로운 시작을 알릴 아기의 울음소리를 상상하며 아기의 이름도 짓고 아기용품도 준비하며 즐겁고 행복하게 출산을 준비하세요.

세상에서 가장 위험한 거리 21cm

아기를 만날 시간이 얼마 남지 않았어요. 진통이 언제 올까 초조하죠. 조금만 배에 통증이 있어도 진통인가 싶어서 병원에 가는 임신부들도 있다고 들었어요.

자궁과 외부 세계와의 거리는 21cm입니다. 이 거리, '거리'라고 하기엔 짧아 보이는 이 길은 아기와 엄마에겐 가장 위험한 행로입니다. 이 길을 잘 통과해야 아기는 엄마와 만나고 세상과 만납니다.

출산을 앞두고 해야 할 일이 있습니다. 우선, 만삭으로 몸을 가누기도 숨 쉬기도 힘들고, 발이 퉁퉁 부어 내 다리인지 남의 다리인지도 구분 안 가던 시간들을 잘 견뎌온 자신에게 칭찬을 많이 해주세요. 그런 뒤에는 뱃속 아기에게 응원의 말을 속삭이세요. 21cm의 산도를 힘차게 지나올 수 있도록.

출산의 순간에 아기는 밀리고 압박당하는데, 산도는 좁고 엄마가 힘을 주는 대로 밀렸다 들어갔다 하다가 몸은 비틀어지고 산소 공급도 부족해지는 등 위협을 여러 번 받습니다. 아드레날린 수치도 올라가고 충격으로 심장박동도 빨라질 수 있습니다.

엄마는 출산의 고통을 이겨내려고 "자기야, 나 죽을 것 같아. 너무 아파~"라고 남편에게 하소연이라도 할 수 있지만 아기는 혼자서 외롭게 엄마 아빠와 만나기 위한 마지막 과정을 견뎌내고 있어요. 그런 아기에게 말을 건네는 건 어떨까요?

"아가, 너도 힘들지? 엄마가 힘낼게."
"아가, 조금만 더 힘내자. 그러면 엄마 만날 수 있어."

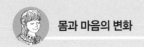

임신 후기(임신 29주~40주)

● 임신 중기를 넘어 후기에 접어들면서 다리에 쥐가 날 수 있어요. 체중이 늘면서 두 다리에 무리가 가해져 근육이 쉽게 피로해지고, 자궁이 커지면서 복부와 대퇴부의 혈관을 눌러 다리 부근에 혈액순환장애가 생기면서 나타나는 현상입니다. 발가락을 몸 쪽으로 당겨서 종아리의 근육을 풀어주고, 수시로 다리를 마사지해주면 증상을 완화할 수 있어요.

● 뱃속 아기가 성장하고 자궁이 점점 커지면서 나타나는 또 다른 증상으로 요통이 있어요. 커진 배를 지탱하려고 허리를 자꾸 뒤로 젖히면서 척추가 위로 심하게 휘어져 요통이 생기는 거예요. 요통을 예방하려면 한 자세로 오래 있지 말고 몸을 자주 움직여주세요. 앉을 때는 쿠션을 등에 받치고, 굽이 낮은 신발을 신으세요.

● 출산이 가까워올수록 숨쉬기도 쉽지 않아요. 뱃속 아기가 자라면서 커진 자궁이 폐를 압박해 숨이 가빠지죠. 앉거나 설 때는 되도록 등을 곧게 펴고 어깨를 뒤로 젖히는 자세를 유지하고, 잠잘 때 호흡곤란이 오면 옆으로 눕고 베개로 배를 받치세요. 숨쉬기가 좀 편안해질 거예요.

● 커진 배 때문에 잠자기도 쉽지 않을 거예요. 실제로 많은 임신부들이 불면증을 호소하는데요, 잠을 잘 못 자면 태아가 쑥쑥 크지 못할 수 있어요. 낮에는 가벼운 운동과 산책을 해 몸을 적당히 피곤하게 만들고, 잠자기 전에는 따뜻한 물로 샤워를 하면 도움이 됩니다.

● 소화가 잘 안 될 수 있어요. 뱃속 아기의 편의를 위한 호르몬이 분비되면서 생기는 증상이에요. 소화가 잘되는 음식을 조금씩 자주 먹고, 식후에는 힘들더라도 바로 눕지 않는 것이 좋습니다.

● 모유 수유를 할 예정이라면 출산 전부터 유방 마사지를 꾸준히 해주세요. 그러면 모유가 잘 나오고, 젖몸살도 덜할 수 있어요.

PART 2

엄마가 되고 첫 1년, 서투르지만 능숙하게 아기 돌보기

생후 12개월까지

생후 12개월까지

뱃속에 있던 아기가 눈앞에서 꼬물꼬물 움직이니 한없이
신기하고 귀엽습니다. 태어나서 12개월 동안은 엄마가 아
기를 적극적으로 보호해야 하는 시기예요. '난 충분히 보
호받고 있어', '이렇게 날 보호해주고 돌봐주니 이 세상은
참으로 믿을 만한 곳이구나' 하고 아기가 느낄 수 있어야
엄마와의 애착이 순조롭게 형성될 기반이 만들어진답니
다. 아기를 무조건적으로 돌보는 것이 가끔은 힘들고 지
치겠지만, 아기의 평화로운 모습을 보며 위로받으세요.

아기와의 첫 대면, 첫 한 마디

생명을 탄생시키느라 살이 찢어지는 진통을 감내한 엄마도, 세상의 빛을 보기 위해 온힘을 다해 세상으로 나온 아기도 정말 애썼습니다. '애~쓴다'는 말이 '수고했다'는 말보다도 더 수고했음을 표현한 말이라면 '애를 낳느라 힘을 쓰고 마음을 쓰다'라는 의미인 것 같습니다.

아기를 처음 만나는 순간, 어떤 말을 건네셨나요? 모든 진통과 고통을 감내하고 아기와 처음 대면한 순간의 한 마디는 아기의 마음 깊은 곳에 자리 잡게 될 거예요.

"아가야, 엄마야. 아가, 네 엄마야."

"고마워. 이렇게 건강하게 와줘서 고마워."

"아가, 아빠야. 매일 노래 불러주었는데, 아빠 목소리 기억하니?"

"아가, 엄마 아빠가 잘 키울게. 우리 아기도 잘 자라줘. 아가, 이렇게 건강한 모습으로 와줘서 정말 고마워."

"너라는 존재 자체가 엄마 아빠에겐 감동이야."

21cm의 험한 여정을 뚫고 나온 용감한 전사, 세상 빛의 눈부심으로 어리둥절해 있을 아기에게 엄마와 아빠의 목소리로 전하는 축하의 말, 반가움의 표현은 아기에게 세상에서 가장 큰 선물입니다.

모유 수유만 잘해도 아기는 평생 행복하다

아기는 태어나는 순간부터 입을 오물거리며 먹을 것을 찾아요. 그 힘든 과정을 겪어냈으니 그럴 만도 하죠.

아기에게 가장 좋은 음식은 엄마의 젖, 모유예요. 모유의 맛은 양수의 맛과 비슷해서 아기가 익숙하게 받아들인다고 해요. 생후 일주일 된 아기들이 모유 냄새로 엄마를 구분할 수 있다는 연구 결과도 있어요. 엄마 입장에서도 모유 수유는 꼭 이루고 싶은 희망사항이죠.

모유 수유는 아기와 엄마가 일체감을 느낄 수 있는 소중한 선물입니다. 육아를 하다 보면 엄마가 준 것을 아이가 거부하거나 잘못 받아들일 때가 많아요. 사랑도 관심도 그러하지요. 그런데 엄마가 주고 아이가 원해서 받는, 수요와 공급이 오차 없이 완벽히 이루어지는 행위가 바로 모유 수유거든요. 때로는 엄마의 사랑이 왜곡된 채 전달되어 갈등의 원인이 되기도 하지만 모유 수유만큼은 왜곡 없이 준 대로 아기가 받지요.

그래서일까요? 세상을 다 가진 듯 힘차게 젖을 빠는 아기를 보고 있자면 마음이 벅차오릅니다. 사실 아기는 있는 힘을 다해 젖을 빠는 거예요. 아기가 젖을 빨면서 땀을 흘리는 건 그만큼 힘이 든다는 얘기죠.

그러니 젖을 먹일 땐 아기를 품에 안고 대화하며 먹이세요.

"아가, 많이 먹고 쑥쑥 자라렴~."

땀 흘리며 젖을 빠는 아기를 응원해주는 건 어떨까요?

"와~ 정말 기운이 넘치네! 씩씩하게 자라겠구나."

엄마의 응원을 받고 자란 아이는 언제나 당당하고 자신 넘치는 모습으로 살아갑니다.

모유 수유가 중요한 또 다른 이유는 엄마와의 애착이 형성되는 중요한 순간이기 때문입니다. 엄마가 젖을 물리면 아기는 잠깐 엄마의 눈을 응시하고 다시 있는 힘을 다해 젖을 빠는데, 이 순간에 엄마의 몸에서는 옥시토신이라는 호르몬이 분비되면서 엄마와 아기 사이에 유대감, 즉 애착이 형성됩니다. 이 시기의 유대감은 아기에게 안정감

을 주고 이후의 성장 과정에도 절대적인 영향을 미치죠.

일체감과 애착이라는 심리적 장점 외에 모유 수유는 신체적 건강에도 아주 유익해요. 질병과 독감의 발병률을 낮추고 천식과 알레르기를 예방하죠.

하지만 모유 수유는 엄마 입장에서 마냥 유쾌한 일만은 아니에요. 힘차게 젖을 먹는 아기가 대견하고 귀엽고 사랑스럽다가도 젖을 물리는 일도 아기를 제대로 안는 일도 힘들죠. 갈라진 유두와 퉁퉁 불어버린 가슴을 보면 외출하기도 싫어지고, 젖몸살까지 오면 더 힘이 듭니다.

그럴 땐 아기가 '젖 빨던 힘을 다해 열심히 살아가는' 어른으로 성장할 훗날을 상상하세요. 아직 먼 날의 일 같겠지만, 살다 보면 금방이에요. 지금의 고통이 아이에겐 훌륭한 자양분이 된다는 생각으로 조금만 더 애써주세요.

젖몸살은
이렇게 관리하자

모유 수유를 하는 엄마들이 가장 걱정하는 것이 젖몸살입니다. 젖몸살 때문에 일명 '젖 말리는 약'을 먹고 모유 수유를 일찌감치 포기하는 엄마들도 있지요. 젖몸살이 생기면 유방이 붓고 단단해지면서 화끈거리는 통증이 느껴집니다. 열도 나고요.

젖몸살의 통증을 줄이려면 유방을 부드럽게 마사지하고 따뜻한 수건으로 찜질하세요. 아기에게 젖을 물리면 옥시토신이 분비되면서 통증 해소에 크게 도움이 되니 수유 횟수를 늘리는 것도 좋은 방법입니다.

참고로, 유방 마사지는 임신 중기부터 꾸준히 해주면 모유량이 많아지고 젖몸살도 예방할 수 있어요.

엄마도 아기도 풍족해지는
모유 수유법

모유 수유를 할 때 무조건 아기 입에 젖을 물리면 엄마와 아기 모두 고생해요. 모유 수유에도 요령이 필요하지요.

- 유륜이 보이지 않을 정도로 젖을 아기 입에 깊게 물리고, 아기가 젖을 다 먹으면 꼭 트림을 하도록 등을 톡톡 두드려주세요. 아기를 품에 안고 대화하며 먹이면 가장 좋고, 유축기로 모유 수유를 할 때도 아기를 품에 안고 수유하는 것이 차선의 최선입니다.

- 엄마 젖은 2~3시간마다 차게 돼 있어요. 젖의 양이 많다면 모유 저장용 팩에 담아 보관했다가 활용하시거나 모유은행에 기증하셔도 됩니다.
- 만일 젖의 양이 많지 않다면 가슴 마사지를 많이 하세요. 엄마의 젖꼭지를 아기가 잘 물 수 있도록 자주 만져주고 젖꼭지가 함몰되지 않도록 빼주는 것이 좋아요.
- 모유는 하루에 8회 이상, 최소한 1개월 이상은 하세요. 세계보건기구에서는 6개월을, 미국소아과학회는 12개월을 적합한 모유 수유 기간으로 정하고 있지만 그것이 안 된다면 최소 1개월 이상 모유 수유를 하는 것이 엄마와 아기의 건강에 좋습니다.
- 젖을 만들려면 엄마가 잘 먹어야 합니다. 영양을 골고루 섭취하되 수분과 칼슘, 철분 섭취를 늘리세요. 모유에는 엄마가 먹은 음식의 맛이 섞여 있으니 엄마가 다양한 음식을 섭취해서 아기도 다양한 맛에 익숙해지도록 해주세요.

젖이 부족하면
분유를 먹이자

아기의 성장 발달에 가장 좋은 것이 모유이지만 젖의 양이 많지 않거나 직장을 다녀서 모유 수유를 하지 못하는 경우에는 분유를 먹이세요. 분유에 대한 선입견 때문에 모유만 고집하는 엄마들도 있는데, 이 시기의 아기들은 만족스럽게 먹어야 잘 자고 잘 놀고 잘 자란답니다. 이 시기에 배부르게 먹지 못하면 커서 먹는 것에 집착할 수도 있어요.

요즘 분유는 아기의 소화 능력에 맞춰 철분, 칼슘, 인 등 각종 필요 영양분을 충분히 갖추고 있어 선택만 잘하면 아기의 성장 발달을 도울 수 있답니다.

- 성장 단계를 따져가며 분유를 선택하되, 분유의 단계를 바꿀 때는 아이의 월령보다는 몸무게를 살펴주세요. 보통 100일 정도 되면 2단계 분유로 바꾸는데, 아이의 체중이 6.5~7kg이면 분유를 바꾸면 됩니다.

- 모유 속 유당(유청단백질)의 함량을 고려해 분유를 선택하세요. 유당은 신생아의 뼈를 튼튼하게 하는 칼슘의 흡수를 돕고 두뇌 발달을 도우며 장 내 유산균의 활성도를 높여 변을 좋게 만들지요. 두뇌 발달을 생각한다면 모유 수준의 유당(12개월 이전의 아이라면 체중에 따라 65~90g 정도)이 함유된 분유를 선택하세요.

- 분유의 원료 중에는 소화 흡수가 잘되지 않는 성분이 있어요. a−s1 카제인, 포화지방산, 덱스트린과 같은 단백질이랍니다.

이 성분들의 함량을 꼭 확인해 소량 들어 있거나 아예 들어 있지 않은 것을 고르세요.

- 분유의 영양 성분을 살펴서 유산균제가 들어간 제품은 생후 3개월 이후에 먹이는 것이 좋습니다. 유산균제와 그 외 영양제는 분유에 섞어 먹여도 되고, 냄새에 민감한 아기라면 따로 먹이는 것이 좋습니다.
- 40주를 다 채우지 못하고 태어난 아기에게는 열량, 비타민, 미네랄을 강화한 강화 분유를 먹이세요.

잠깐의 눈맞춤이라도 기쁘게 화답하자

자고 먹고를 반복하던 아기가 어느 새 눈을 뜨고 엄마를 뚫어지게 바라보기 시작합니다.

분만 후의 안도감을 느낄 틈도 없이 아기를 챙기느라 분주해 이 짧은 순간을 놓치는 엄마도 있지만, 아기의 눈빛을 마주할 때의 신비로움은 말로 표현하기 힘들지요.

아기가 엄마를 뚫어져라 쳐다보면 바로 응대하는 게 좋아요. 찰나의 눈맞춤이 엄마와의 애착과 유대감을 형성하는 기초가 됩니다. 그리고 이 시기의 애착과 유대감은 아기가 살아가면서 인간관계를 어떻게 맺는지에 영향을 끼치거든요.

그러니 아기가 뚫어지게 엄마를 쳐다보면 엄마가 느끼는 감정을 듬뿍 담아 아기의 눈을 바라보며 화답해주세요. 아기의 모든 만남을 축복하며, 안정된 인간관계를 희망하며 말을 건네는 거죠.

"그래, 그래, 엄마야. 아가, 네 엄마야. 보고 싶었어. 넌 축복이
란다."

"엄마는 언제나 널 사랑할 거야."

"그래, 건강하게 태어나줘서 고마워. 지금 이 순간, 지금의 네 모
습 꼭 기억할게. 건강하게만 자라줘 내 아가."

출산 후 한 달, 아내에겐 남편이 필요하다

아기가 태어나서 더 이상 아내에게 신경 쓸 일이 없다고 생각하시면 안 돼요. 오히려 출산 후 한 달이 된 지금이 아내 입장에서는 도움이 절실할 수 있거든요.

출산 후 한 달은 모체가 산전 상태로 돌아가기 위한 최소한의 기간이에요. 아기는 엄마에게 매달리고, 엄마로서 최선을 다하는 아내는 남편에게 매달릴 수밖에 없어요. 어쩌면 모든 힘이 아기를 돌보는 데 쓰여서 아내는 지금 탈진 상태일지도 몰라요. 그러니 아내가 남편에게 매달리도록 배려해주세요. 그래야 아내가 에너지를 얻어 아기와 좋은 시간을 보낼 수 있어요.

산후에 얼굴이 좋아지는 산모들은 대부분 아기 키우는 게 행복해서겠지만, 남편의 배려와 애정이 큰 역할을 해요. 아내의 모성은 남편에게서 나온다고 해도 과언이 아니죠. 그러니 부성父性을 발휘하기 전에 아내에게 최고의 배려심을 발휘하세요. 퇴근 후 아내 곁으로 달려와주세요. 아내의 어떤 응석이든 받아주세요. 아내가 사랑을 느끼도록 해주세요.

아기가 우는 건 엄마에게 말을 거는 것

안아도 주고 달래도 주고 기저귀도 갈아주었는데 아기가 계속해서 울면 엄마는 당황합니다. 울지 말라고 다그쳐봤자 아기가 알아듣지도 못하죠. 뱃속에서 나와 처음 울음을 터뜨렸을 때는 참 기뻤는데… 의미를 알 수 없는 아기의 울음이 계속되면 엄마는 결국 지치고 맙니다.

아기에게 울음은 언어이며, 사는 방법을 익히는 과정이에요. 엄마 입장에서는 아기를 돌보면서 살림까지 하려니 어떨 땐 계속 우는 아기가 원망스럽기까지 할 거예요. 그런데 자세히 보면 아기가 늘 우는 것도 아니고 늘 깨어 있는 것도 아닙니다. 잘 만큼 자다가 일어나서 울음으로 자신의 감정이나 기분을 표현하는 건데 피곤하고 지친 엄마 입장에서는 하루 종일 보채거나 우는 것으로 느껴지는 것이지요.

아기의 울음에 엄마가 어떻게 대처하느냐는 아기가 자라면서 세상을 어떻게 인식하느냐와도 관련이 있어요.

에릭슨Erikson의 성격발달이론에 의하면 생후 1년은 '신뢰감 혹은 불신감'을 형성하는 시기예요. 엄마가 아기를 어떻게 대하느냐에 따라 아기는 세상을 믿을 만한 곳으로 생각할 수도 있고, 세상을 위험천만한 곳이라고 생각할 수도 있어요.

아기의 울음에 긍정적이고 상냥하게 응답을 하면 엄마와 아기 사이에는 유대감이 차곡차곡 쌓이고, 아기는 엄마를 통해 세상을 긍정적으로 인식합니다. 나에게 짜증내는 세상, 나를 밀쳐버리는 세상이 아니라 나를 이해해주고 안아주는 세상이라고 인식하게 되죠.

또한 울음 말고는 달리 표현할 방법을 모르는 아기를 엄마가 따뜻하고 즉각적으로 욕구를 해소해주고 만족할 만한 반응을 보이면 아기는 '나는 보호와 사랑을 받을 만한 존재'라고 생각해 세상을 향한 발걸음이 힘차고 자신감이 있습니다. 그러니 아기가 긍정적인 자아상을 형성할 수 있도록 부드럽고 상냥하게 응답해주세요.

"뭐가 필요하니, 우리 아기~."
"안아줄까? 어떻게 해줄까?"
"우리 아가, 배가 고프신가?"
"기저귀가 축축해서 울었어요? 그럼 엄마가 기저귀 갈아줘야지.

뽀송뽀송하니 좋지, 아가?"

만약 엄마가 "왜? 어쩌라고. 왜 우는데?"라며 아기의 울음을 무시하면 아기는 '엄마도 나를 안 도와주네. 이 세상엔 나를 도와줄 사람이 없구나' 하는 불신감과 좌절감을 경험합니다.

아기는 아주 예민해서 부모의 무관심에서 불안을 배우고, 부모의 따뜻한 관심에서 안정을 느낍니다. 우는 아기에게 뱃속에 있을 때처럼 친절하고 따뜻한 목소리를 들려주는 것도 아기와의 긍정적 애착 형성에 좋아요. 아기가 뭘 원하는지 도저히 모를 때, 안아도 주고 수유도 하고 얼러도 주었는데 계속 운다면 짜증 내지 말고 그 자리를 잠시 뜨는 것도 방법입니다.

아기의 울음소리가
보내는 신호

잘 들어보면 아기의 울음소리는 상황마다 조금씩 달라요. 그 안에 담긴 의미를 살펴볼까요?

● 잘 놀던 아기가 갑자기 짧게 울고 그쳤다면? "엄마, 배고파요."

혀를 입천장에 붙이는 모양을 하고 높은 음으로 규칙적으로 울거나, 젖을 찾기 위해 고개를 돌리거나 입을 벌리는가 하면 손가락을 빠는 행동은 엄마에게 배고픔을 알리는 신호지요. 신생아는 자주 젖을 찾으니 정해진 시간과 상관없이 배를 채워주세요.

● 울음소리에서 짜증이 느껴지고 눈물을 흘리지 않고 운다면? "엄마, 재워주세요."

입을 동그란 'O'자 모양을 하고 울음을 터트립니다. 이럴 땐 아기가 잘 수 있게 소음이나 조명 등을 조절해주세요.

● 자다가 뒤척이며 울거나, 잘 놀다가 갑자기 울면? "엄마, 기저귀 갈아주세요."

기저귀를 확인하지 않고 달래주기만 하면 아기는 더욱 칭얼거리고 울어버립니다. 울음소리에서 '헤~헤~헤'와 같은 공기 빠진 소리가 들린다면 불편한 곳이 없는지 확인해주세요. 기저귀 발진을 예방하기 위해서도 기저귀가 축축하면 바로 갈아주는 것이 좋아요.

● 큰 소리나 주변 환경에 매우 놀라 울면? "엄마, 안아주세요."

따뜻하게 품어 아기를 달래는 것이 좋아요. 엄마의 품은 아기에게 안정감과 편안함을 줍니다.

● 컹컹거리며 울고, 자꾸 칭얼거리거나 보챈다면? "엄마, 아파요."
아기가 컹컹거리며 울면 아픈 곳이 있는지 살펴야 해요. 아기의
체온을 재고 소아과에 가서 진료를 받으세요.

● 고음으로 자지러지게 울고 달래도 울음을 그치지 않으면? "엄
마, 배가 아파요."
소화가 잘 안 되거나 배가 아프면 아기는 다리를 배 쪽으로 들어
올리거나, 혀가 위쪽으로 올라가면서 떨려요. 이때는 등을 톡톡
두드리거나 배를 문질러서 달래주세요.

도구를 활용해
아기의 울음 달래주기

안아주고, 요구를 들어주고, 어르고 해도 아기가 울음을 그치지 않
으면 도구를 활용해보세요. 스마트폰이라는 최첨단 도구와 이미 익
숙한 백색소음이 도움이 될 거예요.

스마트폰 애플리케이션

스마트폰 애플리케이션 중에는 아기의 울음소리를 분석해서 아기가 보내는 신호의 의미를 알려주는 애플리케이션이 있어요. 애플리케이션에 따라 사용법이 다르니 미리 살펴봐서 엄마가 가장 쓰기 편한 애플리케이션을 다운받아뒀다가 아기가 울면 사용해보세요.

그러나 스마트폰은 아기 돌보기가 너무 힘들 때 마지막 수단으로 사용할 것을 권합니다. 스마트폰 자극에 반복적으로 노출되면 대뇌 피질이 불안정해져 아기의 인지 발달에 문제가 발생한다는 사실은 이미 입증되었어요. 아기 가까이에 스마트폰을 두는 것도 좋지 않아요. 두 돌까지는 전자기기 노출은 최대한 피하고 줄여야 한다는 점, 기억해두세요.

백색소음

아기가 엄마 뱃속에서 들었던 소리는 혈액이 흐르는 소리, 장기가 움직이는 등 '쉬쉬 ~ 쉐쉐' 소리예요. 그 소리들을 백색소음이라고 하는데, 그중에서 혈액이 흐르는 소리를 들으면 아기는 마음이 진정됩니다.

백색소음으로는 진공청소기 소리, 파도 소리, 자동차 소리, 빗소리 등이 있는데요. 우는 아기를 달랠 때는 뱃속에서 들었던 소리와 주파수 대역이 비슷한 진공청소기, 세탁기, 드라이어와 같은 기계 소리도 도움이 됩니다. 단, 아기와 가까운 곳에서 소리를 내면 예민한 아기에게는 역효과가 날 수 있으니 아기의 성향을 잘 관찰해서 사용해야 합니다.

아기를 캐리어에 편안히 눕히고 부드럽게 흔들어주면서 '쉬쉬' 소리를 들려주어도 엄마 뱃속과 비슷한 환경이 되어 아기가 안정되지요.

산후우울증이라는 걱정

아기가 건강하게 태어난 게 고맙고 내 몸이 가벼워져서 기분이 좋은 것도 잠시, 아기와 함께하는 생활이 낯설고 힘이 들기 시작합니다. 산후조리원이라면 같은 처지의 산모들과 어울리고 돌봐주는 사람들이 있어서 덜할 텐데, 집에서 산후조리를 하려니 친정엄마나 도우미 등 도와주는 분들이 있어도 외롭고 편치 않습니다.

거울을 보면 아기가 빠져나간 만큼 몸이 홀쭉해진 것도 아니에요. 여전히 몸은 부어 있고 움직임이 편하지 않은 데다 찌뿌드드합니다. 머리며 몸이며 온통 땀으로 범벅되어 칙칙한 것은 어쩌고요.

아기에게 모유를 먹일 땐 옆에서 누가 도와주어도 3~4kg밖에 안 되는 아기가 감당이 되지 않습니다. 아기는 땀을 쪽 빼며 엄마 젖을 먹겠다고 애를 쓰는데, 자세는 잡히지 않고 모유의 양이 생각보다 많지 않으면 미안함까지 겹쳐서 마음은 더 불편해집니다. 젖 먹느라 애

쓰는 아기를 보며 '요 어린 것이, 앞으로 살아가려면 얼마나 더 애를 써야 할까' 하는 생각에 눈물이 났다는 엄마도 있습니다.

아기를 낳고 나서 눈물이 자꾸 난다고 하면 주변 사람들은 산후우울증이 아니냐며 걱정을 합니다. 하지만 눈물이 난다고 해서 꼭 우울증은 아니에요. 정서적으로 풍부한 엄마, 감상적인 엄마는 충분히 그럴 수 있어요. '너무 여린 아기가 별 능력도 없는 엄마한테 매달려 있는 게 가엾고 미안해서' 눈물이 났다는 엄마도 있습니다. '잘 키울 수 있을까? 좋은 부모가 될 수 있을까?' 하는 걱정에 우는 엄마도 있죠.

하지만 너무 걱정 마세요. 우리는 '별 힘이 없는' 엄마가 아니라 '이 세상에서 가장 강한' 모성을 가진 엄마이며, 아기는 그런 엄마를 천군만마로 얻었잖아요. 모성으로 중무장한 엄마가 늘 곁에서 돌봐주고 눈을 맞추며 "뭐 줄까?", "어떻게 해줄까?" 하며 어르고 달래고 채워주고 바라봐주는 건 굉장한 일이거든요. 이토록 완벽한 보호자가 세상에 또 있을까요?

산후우울증이라는 말은 괜한 걱정을 만드는 일일 수 있어요. 그러니 '산후우울증이 오면 어쩌지?', '혹시 내가 우울증 아냐?' 하는 걱정은 떨쳐버리세요. 아기는 생각보다 강인하고, 모성은 세상 어떤 힘보다 강하니까요. 우울해지면 거울을 보며 활짝 미소를 짓고 아기와 눈을 맞추며 이야기하세요.

"엄마가 괜한 걱정을 하네. 너를 보면 이렇게 좋은데 말야."

"어쭈쭈, 맛있게 먹었어요?"

"우리 아기 좋은 맘마 먹게 엄마가 맛있는 음식 골고루 먹을게요."

아기에게 말을 걸 때는 긴 문장보다는 짧은 문장으로, 한 문장이 끝나면 아기를 잠시 보았다가 다시 다음 문장을 말하는 게 좋아요. 마치 아기가 알아듣고 반응한다고 생각하며 대화 나누듯이요.

아내의 든든한 정서적 후원자가 되자

산후우울증은 엄마와 아이 모두를 위협하는 적색 신호입니다. 한 연구에 의하면 우울한 엄마는 아기 울음소리에도 뇌에 변화가 없다고 합니다. 아기의 울음은 아기가 보내는 신호이고 표현이므로 반응해주어야 하지요. 그렇지 않으면 이후 아기의 애착 및 관계 형성에 악영향을 미치게 됩니다. 그런데 엄마가 산후에 우울증이 있으면 아기의 신호에 '무반응'할 수 있어요.

산후우울증까지는 아니더라도 산모는 출산 후의 급격한 호르몬 변화로 우울감을 느낄 때가 많아요. 이때 정서적으로 가장 든든한 지원자와 후원자는 남편입니다. 친정엄마나 친구들도 있지만 늘 곁에서 함께하며 사랑을 듬뿍 건네는 남편, 아기 돌보기라는 중노동을 같이 해내는 남편, 아기의 신비로움을 공유할 수 있는 남편이 절대적인 지원자입니다. 특히 산후 1~2개월이 정점이에요. 이때는 아내와 함께하는 시간을 0순위로 두고 생활하세요.

최고의 육아법은 '내 방식 육아'

밤낮이 바뀐 아기들이 있어요. 잠자는 시간이 짧고, 잠들기까지 시간이 오래 걸리는 아기들도 있지요. 혹시 내 아기가 그렇다면, 우선 엄마의 수고로움에 공감하고 응원합니다.

그렇잖아도 잠이 부족할 텐데 아기를 재우고 달래기 위해 한밤에 유모차를 끌고 아파트 단지를 서성여야 하고, 아기를 자주 업다 보니 등이 굽어 감각이 없어지는 것 같고 허리가 내려앉는 느낌이 들 수 있어요. 아기가 우는데 그냥 둘 수도 없어 아기를 부둥켜안고 꾸벅꾸벅 졸다가 깜짝 놀라 깨고, 잔 것도 아니고 안 잔 것도 아닌 터라 묵직한 피로감이 씻기질 않을 거예요.

아기가 울 때는 빨리 반응해서 욕구를 충족시켜주어야 아기가 세상을 안전하게 느끼고 신뢰한다는 얘기도 있고, 그냥 울게 두면 아기가 스스로 수면 패턴을 찾게 된다는 얘기도 있어요. 그런데 이러한 얘기들보다 더 먼저 생각해야 할 것은 아기의 기질이에요. 아기마다 기질이 다르고 내 아기는 부모가 가장 잘 압니다. 많은 사람들에게 인정을 받는 육아 이론도 내 아기에게 딱 들어맞지 않으면 아무 소용이 없지요.

시기마다 엄마들이 따라하고 싶어 하는 육아법이 있습니다. 예를 들어 프랑스식 육아법을 볼까요? 아기와 부모의 물리적·정신적 거리를 유지한 채 부모가 꼭 도와줄 일이 아니면 스스로 해결하게끔 하는 것이 특징이지요. 밤에 아기가 깨어 울어도 곧장 달려가 안아주고 달래기보다는 다시 아기가 잠들기를 기다리라고 말하는 프랑스식 육아법은 부모와 아기의 사적 영역이 보장된다는 점에서 매력적일 수밖에 없습니다.

그러나 우리의 정서로는 실천하기가 쉽지 않습니다. 우는 아기를 그냥 두는 것은 마음이 허락하질 않거든요. 며칠 시도해볼 수는 있지만 이내 아기의 울음 앞에서 그 다짐은 흔적 없이 사라집니다.

프랑스식 육아든 미국식 육아든 나와 내 아기의 기질과 맞아야 효과를 볼 수 있습니다. 그러니 나와 내 아기에게 맞는 '내 방식 육아'를 도입해보세요. 그러면 '내가 이래도 되나?' 하는 자책감은 생기지 않을 거예요. 부모로서 최선을 다하면서 자책감을 가지면 이도저도 아닌 육아를 하게 되거든요.

'내 방식 육아'는 이왕 시작했으면 확신을 가지고 실천해야 합니다. 그러다 보면 아기에게도 부모의 신념이 전달될 거예요. 단, 내 방식 육아는 아기를 위한 최선이어야 하고 엄마 또한 그렇게 스스로 믿어야 흔들리지 않습니다.

그리고 엄마 먼저 심신의 건강을 챙겨야 해요. 지금 아기를 돌보는 엄마가 건강해야 아기의 요구에 적극적으로 응하게 되고 아기는 안정감을 느끼며 쑥쑥 자랄 테니까요.

힐링이 되는 아기 냄새

아기를 돌보다 보면 "뱃속에 있을 때가 더 낫다"는 친정엄마의 말씀이 떠오릅니다. 아마 그 말을 들으면서 '우리 아기만큼은 나를 힘들게 하지 않을 거야'라고 생각했을 테지만, 사실 예쁘고 사랑스럽고 천사 같고 신비스러운 만큼 아기는 엄마를 힘들게 하죠. 그런데요, 엄마의 그런 생각을 아기는 기가 막히게 알아채요. 아기에게는 생존 전략이란 게 있거든요. 엄마의 관심과 사랑을 받으려는 생존 전략이지요.

가장 대표적인 생존 전략은 엄마의 목소리가 들리면 엄마의 관심과 주의를 끌기 위해 목을 길게 빼는 거예요. 그런 아기의 모습은 영락없이 '엄마다! 우리 엄마의 목소리야!'라고 반가워하는 것 같지요.

또 다른 전략은 아기가 보내는 달콤한 향기, 일명 아기 냄새죠.

"흠~~ 향기로워. 아기 냄새, 너무 좋아."

모든 엄마는 아기의 머리며 볼, 온몸의 향기를 맡고 황홀해합니다. 이것은 아기가 내뿜는 체취, 즉 페로몬이에요. 아기에게 나는 향기는 편안한 느낌을 주는데, 향기에 민감하고 냄새에 즉각 반응하는 엄마에게 아기가 주는 선물이나 다름없어요.

아기들은 이렇게 엄마에게 다가가고 싶은 본능을 온몸으로 표현합니다. 그러니 아기 냄새가 너무 좋을 땐 맘껏 표현하세요. 아기에게 '네 몸의 향기가 엄마를 행복하게 한다'는 것을 언어로 표현하세요.

"아, 향기로워. 아가, 우리 아기 냄새. 엄마를 행복하게 하는 우리 아기 냄새."

아기의 냄새가 엄마의 모성을 자극하고, 엄마는 언어로써 아기에게 사랑을 전하는 선순환이 이뤄집니다.

아기 목욕 시간은 아빠의 사랑을 전할 최적의 시간

아기가 아빠의 촉감을 느끼기에 가장 좋은 것이 아기 목욕 시키기입니다. 그러니 아기가 목욕을 해야 할 때는 엄마에게만 맡기지 말고 아빠도 적극 동참하세요.

1. 먼저 아빠의 손을 비벼서 따뜻하게 하고, 손톱 주변의 거친 부분이 있으면 부드럽게 다듬어주세요.

2. 머리를 감길 때는 아빠의 두 손가락 정도를 이용해 문질러주세요.

3. 아기의 몸을 부드러운 천으로 감싸고 머리와 얼굴을 씻긴 후 아기 몸을 물에 넣은 뒤 물 속에서 천을 살살 풀어냅니다. 아기가 제풀에 놀라지 않게 하는데 효과적이에요.

4. 아내의 지침을 잘 따르세요. 아내는 우리 아기의 육아 지침서라고 생각하고 따르면 됩니다.

5. 목욕 후 옷을 입힌 후에는 아기의 몸을 부드럽게 마사지해주세요. 이때도 아기와 언어적 상호작용을 하면 좋습니다.

   "우리 아가 목욕했어? 시원하지? 쭉쭉이 하자, 쭈욱쭉…, 쑤욱쑥…와~ 목욕하니까 기분도 좋지요?"

잘 자고 잘 먹어야 뇌도 몸도 쑥쑥 큰다

"깜빡 낮잠을 자고 일어났거든요. 아기를 안고 자니까 포근한 느낌에 더 잘 잤어요. 그리고 눈을 떴는데 아기가 숨도 안 쉬고 자는 거예요. 일어나서 한참 들여다봐도 아기의 숨소리가 거의 안 들려서 깜짝 놀랐어요. 그러다 아기가 갑자기 푸르르 움직이는데 너무 반가워 눈물이 났어요. 잘 자도 걱정, 못 자도 걱정이네요."

어느 엄마가 가슴을 쓸어내리며 한 이야기예요. 아기를 돌보는 엄마라면 한 번씩은 겪게 되는 에피소드 같습니다.

아기는 생후 2~3개월까지는 하루에 16시간 정도 잠을 자요. 생후 3~4개월부터 60개월 정도까지는 하루에 11~12시간을 잔다고 해요. 밤낮을 가리지 않고 잠을 자는 동안 신체기관이 빠르게 자라고 뇌도 성장한다고 해요. 아기가 성장하려면 많은 에너지와 세상에 적응할 시간이 필요한데 잠자는 시간이 바로 그런 시간인 것이죠. 먹

고, 자고, 잠시 깨어나 먹고, 다시 자고, 또 먹고 자고, 잠시 눈을 떠 탐색을 한 뒤에 다시 자고… 아기는 생존을 위한 최소한의 시간을 제외하곤 잠을 자면서 세상을 살아갈 에너지를 비축하는 것입니다.

특히 출생 후 12개월까지는 뇌 발달이 폭발적으로 이루어져요. 뇌 발달을 위한 일등 공신이 바로 '아기 잠'입니다. 새로운 정보를 받아들이고 뇌 신경망을 만들기 위한 엄청난 에너지를 잠이라는 휴식으로 충전하는 거예요. 잘 자도록 하는 것은 '머리 좋은 아이', '잘 자라도록 하는 아이'로 키우는 너무도 중요한 양육 비법입니다.

잠을 자는 만큼 영양도 많이 섭취해야 하는데, 자기 전에 수유를 하면 밤새 잘 자는 아기가 있는 반면 자다가도 깨어 젖 달라는 아기도 있어요. 만약 아기가 밤에 젖을 먹기 위해 자주 깬다면 밤 11시쯤 아기에게 한 번 더 수유하는 것도 방법이에요. 지나치게 순해서 젖을 많이 먹지 못하는 아기보다 잘 먹은 아기가 성장도 잘합니다. 밤 수유는 엄마를 힘들게 하지만 배고파서 우는 아기를 생각하면 아기 리듬에 맞출 수밖에 없어요.

고된 육아 과정이지만 그만큼 쑥쑥 자랄 것을 믿으며 자장가 들려주듯 이런 말을 들려주면 어떨까요?

"아가, 밤에도 배가 고파요? 잘 먹은 만큼 잘 자라는 거지?"
"많이 먹고 푹 자자."

아기가 잘 자게 하려면
이렇게 해보자

아기가 잘 잘 수 있는 방법을 소개합니다. 이제부터 아기와 함께 편한 밤 되세요.

- 아기가 만족할 만큼 수유를 하세요.
- 너무 헐겁거나 조이지 않는 편한 옷으로 갈아입혀주세요.
- 기저귀의 상태를 확인해서 뽀송하지 않다면 갈아줍니다.
- 아기는 어른보다 체온이 높고 땀을 많이 흘려요. 너무 덥지 않게, 너무 건조하지 않게 실내의 온도와 습도를 유지하세요. 실내온도는 21~23℃, 습도는 50~70%가 적당하며, 환기를 시켜서 상쾌한 실내 환경을 유지하세요.
- 목욕을 하고 나면 목욕하느라 긴장해요. 아기 몸을 가벼운 마사지로 풀어주세요.
- 밤중에 수유할지를 결정하고 일관성 있게 실천합니다.
- 낮에 활발히 상호작용을 해주고, 일정한 시간에 목욕을 시키는 등 편안한 분위기를 만들어주면 서서히 잠자는 습관으로 이어집니다.

아기의 오감 발달시키기

부모의 살뜰한 보살핌을 받은 아기는 생후 6주쯤 지나면서 엄마 아빠에게 감사함을 표현하지요. 아가의 감사 표시는 바로 '미소'예요. 신생아에서 영아로 신분이 상승되면서 소리에는 소리로, 미소에는 미소로 엄마 아빠를 비롯한 사람들의 반응을 보며 반응을 하죠.

영아기에 접어들면 엄마 아빠의 표정과 말 한 마디, 주변에서 일어나는 모든 것이 배움이 되기 때문에 부모의 역할이 점점 중요해집니다. 주변 환경은 평화롭고 안전하며 지나치게 시끄럽지 않아야 성장과 발달에 도움이 되지요.

아직 아기는 누워서 생활하지만 오감은 온통 부모를 향해 있어요. 엄마와 아빠가 둘이서 나누는 대화 내용과 표정도 아기에게 영향을 줍니다. 아기가 호기심 가득한 눈빛으로 엄마와 아빠를 보고 있다면 어떤 상황인지 얘기해주세요. 못 알아들을 것 같지만 엄마 아빠의 표정으로 알아듣는답니다.

"엄마 아빠가 무슨 얘기하는지 궁금해? 오늘 하루 동안 네가 얼마나 컸는지 아빠에게 얘기해주고 있었어. 엄마 아빠의 관심은 온통 너에게 있단다."

그 말을 알아들었는지 아기는 방긋방긋 웃지요. 말은 천천히, 입모양은 정확하게 해주세요.

엄마 아빠의 향기, 손짓, 눈 맞춤, 목소리, 표정, 쓰다듬는 손길까지 아기에겐 세상을 배우는 학교와 같아요.

좋은 냄새로
후각 충족시키기

아기의 감각 중에서 제일 빨리 발달하는 감각이 후각이에요. 아기들은 태어날 때부터 냄새를 잘 맡고, 태어나 며칠 지나면 엄마 냄새도 알아요. 엄마 냄새를 맡으며 자라는 거죠. 그런 만큼 오감 중에서 후각에 대한 욕구를 충분히 충족시켜주어야 합니다. 향기로 말을 건네는 거죠.

아기의 후각을 충족시키려면 아빠와 엄마 냄새를 늘 향기롭게 해주세요. 담배를 피우는 아빠라면 가글에 신경 쓰고, 집 안에 냄새가 고이지 않게 자주 환기를 해주세요. 엄마의 옷과 머리에서 좋은 냄새가 나면 마치 선물을 받은 것처럼 아기가 좋아합니다. 어떤 엄마는 수유 전에 양치질을 하면 아기에게 말할 때 자신감이 생긴다고 해요.

아기의 후각을 충족시켜줄 준비가 됐다면 아기에게 물어보세요. 아기가 환하게 응답해줄 거예요.

"아가야, 엄마 냄새 어때? 마음에 들어?"
"아빠는 담배를 끊었단다. 잘했지?"

눈 맞춤과 엄마의 목소리로
시각과 청각 충족시키기

아기의 시각 발달에는 눈 맞춤이 좋아요. 빨아들일 듯 응시하는 아기와 눈을 맞추고 고개도 끄덕여주고, 안고 일어서면 아기의 시야를 넓히는 데 도움이 됩니다.

'아기 번쩍 들어올리기'는 어떨까요? 이 놀이는 힘이 필요하니 아빠가 해주는 게 더 좋겠지요. 아빠는 어깨 높이까지도 번쩍 들어 올릴 수 있겠지만 힘이 약한 엄마라면 무리하지 말고 가슴까지만 들어 올리세요.

"우리 아기, 하늘 구경 해볼까?"
"우왕~ 비행기 타고 어디 갈까요?"

생후 3개월 정도가 되면 아기는 소리에 확실히 반응하므로 눈을 맞추며 아기의 작은 소리에도 얼른 '목소리'로 반응해주면 좋아요. 이 시기에는 낮은 주파수의 소리보다 높은 주파수가 잘 들려요. 높고 밝은 톤의 부드러운 목소리로 말을 건네주세요. 하지만 지나치게 큰 웃음과 박수소리 등은 아기에게 불안감을 줄 수 있어요..

청각 발달을 위한 놀이도 해보세요. 아기의 앞이나 뒤에서 손뼉을 치면 아기가 소리 나는 쪽으로 고개를 돌릴 거예요. 아기는 즐겁게 고개를 좌우로 가누는 운동을 할 수 있고, 부모 입장에서는 청력 테스트도 겸할 수 있어요.

"[손뼉 짝!] 엄마가 어디 있을까?"
"[손뼉 짝!] 아빠는 어디 있을까?"

그러나 평소 너무 많은 볼 것과 들을 것에 둘러싸여 있으면 외부의 자극에 무관심해질 수도 있으니 가급적 조용한 방에서 감각놀이를 하는 것이 좋습니다.

부드러운 손길로
촉각 충족시키기

아기를 많이 어루만져주면 피부에 있는 말단신경을 자극해 뇌 발달에 도움이 됩니다. 촉감을 느끼는 기관이 피부 곳곳에 퍼져 있으니 많이 만져주고 쓰다듬어주고 또 어루만져주세요. 아기를 어루만지면 촉각을 자극해 뇌 발달 뿐만 아니라 감각 발달과 운동신경 발달에도 도움이 됩니다. 엄마와 아기 사이의 애착 형성에 미치는 영향 또한 최고예요. '물고 빨고'라는 말이 정말 실감나는 시기입니다.

엄마가 아기에게 해줄 수 있는 가장 좋은 촉감놀이가 '아기 만지기'라면, 그다음으로는 아기의 종아리를 문지르고 주무르는 '쭉쭉이 놀이'가 좋아요. "쭉쭉~ 우리 아기 다리 쭉쭉~~ 키도 쑥쑥!" 하고 노래도 부르며 아기를 스트레칭해주는 것이죠. 아기의 팔을 어루만지고 주물러주면서 스트레칭을 시원하게 해주면 아기는 까르르 웃습니다.

"우구주구 우구주구" 하고 엄마가 입소리를 내면서 아기의 양 팔을 상하좌우로 살짝 흔들어주는 놀이도 좋아요. 살짝살짝 움직이는 요람에 있는 것 같은 안정감이 느껴지는 데다 엄마의 부드러운 손길까지 느껴져 아기는 정말 즐거워합니다.

간질이기도 해보세요. 아기에게 스킨십은 안정감의 토대가 되니 많이 해주세요. 하지만 간질이기가 지나치면 아기가 지칠 수 있으니 까륵까륵 할 정도까지, 끼루룩 웃을 정도까지만 해주세요. 배를 슬슬 쓸어주면서 가끔 톡톡 터치하는 '배 둥둥거리기' 놀이도, 발바닥과 손바닥 간질이기도 아기가 좋아해요.

아기와 촉감놀이를 할 때는 아기의 얼굴이 닿는 엄마의 옷이 부드러운 면 소재면 좋고, 그렇지 못할 경우엔 부드러운 소재의 거즈 수건 등을 아기의 얼굴이 닿는 부분에 대주는 게 좋습니다. 긴 머리의 엄마라면 살짝 묶어서 엄마의 머리카락이 아기의 얼굴이나 눈에 찔리지 않도록 하는 것도 아기에 대한 사랑의 표현이에요.

피부는 제2의 뇌라고 하니 많이 어루만져주고 자극도 많이 주세요. 일명 반사기능도 살피면서 아기의 신체 발달도 체크해보시구요.

감각놀이로 아기가
하루하루 달라진다

아기와 감각놀이를 하다 보면 아기의 움직임이 매일매일 달라지는 것을 느낄 수 있어요. 손으로 볼을 살짝 터치하면 그 방향으로 고개를 돌리고(방향반사), 아기의 발바닥을 만지면 발가락을 쫙 폈다가 다시 오므리는(바빈스키반사) 모습이 어찌나 귀여운지 몰라요. 어른은 발을 간질이면 발가락을 오므리는데 아기는 폈다 오므리지요. 중추신경이 아직 분화되지 않아서 오는 현상입니다. 참으로 신기합니다.

갑자기 큰 소리가 나면 아기가 깜짝 놀라면서 팔다리를 쫙 폈다가 오므리는 반응(모로반사)도 보일 거예요. 그럴 때는 엄마가 더 놀라지 말고 '모로반응이구나' 하고 알아주면 돼요. "우리 아기 놀랐어요? 큰소리 났어요? 그래서 깜짝 놀랐군요" 하며 상황을 말해주면 더 좋지요. 바람이 불거나 머리나 몸의 위치가 갑자기 변할 때도 이런 반응을 보여요.

혹시 아기가 무엇이든 손에 닿으면 쥐려는 반응을 보이나요? 파악
반사예요. 아기의 손에 엄마의 손가락을 대보세요. 아기가 엄마 손을
꼭 잡으면 "어머나~ 우리 아기 손힘이 이렇게 세네." 하고 말도 걸어
보시고요. 알고 보면 오감 발달 및 언어, 신체, 정서, 인지 발달을 고
루 촉진한답니다. 교감, 공감, 소통의 토대가 되는 것은 물론이지요.

바빈스키반사는 생후 약 12~18개월까지 유지되지만, 모로반사는
출생 후 3개월 정도가 되면 서서히 없어지고, 손바닥의 파악반사는
생후 2~3개월 무렵에 사라지며, 발바닥의 파악반사는 8~9개월 무
렵이면 사라져요. 그러니 아기와 함께 손놀이와 발놀이를 많이 하세
요. 이런 순간들을 사진에 담아두는 것도 좋아요. 그러면 아기에게도
엄마에게도 두고두고 이야깃거리가 될 거예요.

까꿍놀이로 아기를 안심시키자

6~8개월이 되면 낯가림과 분리불안을 느껴요. 시각 발달이 잘 이루어졌다는 의미예요. 이즈음에 아기들은 엄마가 시야에서 사라지면 웁니다. 그래서 엄마들은 화장실 한번 편하게 가지 못하죠.

화장실이라도 편하게 다니고 싶다면 아기와 까꿍놀이를 해보세요. 아기 앞에서 엄마가 손이나 수건으로 눈을 가렸다 뗐다 하며 까꿍 하고 소리를 내면 아기가 참 재미있어 해요. "엄마 없네? 엄마 있네" 하며 '있다'와 '없다'를 얘기해주면 더 좋아요.

까꿍놀이는 단순한 놀이 같아도 그 속에 굉장한 의미가 담겨 있어요. '눈앞의 대상이 사라져도 영원히 사라진 게 아니며, 안 보여도 영영 안 보이는 게 아니다'라는 '대상 항상성'을 아기에게 깨닫게 하거든요.

엄마가 시야에서 사라지면 아기는 불안해서 우는데, 눈앞에는 없지만 화장실에 엄마가 있다는 것을 알면 아기는 더 이상 불안해하지 않아요. '엄마는 금방 나타날 거야'라는 안심과 믿음이 생겼기 때문이지요. 이러한 마음은 긍정적 사회성과 상호작용의 바탕이 되기도 합니다. 또 사라졌다 다시 나타난 것을 기억하는 작업기억력(인지능력)을 높이는 데도 도움이 됩니다.

아기와 의사소통하기

엄마 아빠의 관심과 사랑을 듬뿍 받고 자라는 아기는 냄새로 엄마를 구분하고 눈으로도 엄마를 확인합니다. 눈도 제법 맞출 줄 알죠. 그뿐이 아닙니다. 세상을 탐색하고 배워가는 재미도 톡톡히 느낍니다. 게다가 '내가 기침을 했더니 등도 쓰다듬어주고 칭얼거렸더니 안아도 주네' 하고 자신의 행동에 대한 결과를 추측하면서 자신이 원하는 것을 얻기 위해 의사표현을 하기 시작합니다.

아기의 첫 대화는
몸짓과 표정

5~6개월까지 아기는 의사표현을 몸짓과 표정으로 해요. 아기가

엄마 아빠를 향해 몸짓을 하고 표정을 짓는 것은 '말을 하는 것'이며 말상대가 되어 달라는 의미입니다. 이때 부모는 아기의 몸짓이나 표정을 보고 반응하는데, 어른들도 말할 때 대화 상대가 잘 듣고 반응하길 원하듯 아기도 자신이 보내는 신호에 주의를 기울이며 반응해주는 부모를 원합니다. 그리고 이 과정에서 아기는 의사소통의 기반을 다져나갑니다. 만약 엄마 아빠가 자신의 행동에 아무런 반응을 보이지 않으면 아기는 의사소통하려던 시도를 멈춥니다. 이런 일이 반복되면 자라면서 언어 능력뿐만 아니라 인지 및 정서 발달에 지장을 줍니다. 옹알이도 적극 반응해주세요.

자녀가 성장할수록 '자녀와의 대화'에 목말라 하는 부모님이 참 많습니다. 그 노력을 지금 한다면 두고두고 효과를 누릴 수 있습니다. 아기가 찡그리거나 칭얼거리거나 무슨 소리인지 모를 소리를 내면 즉각적으로 응답해주세요.

"안아주는 것보다 지금은 누워서 놀고 싶은 거구나."
"바람을 쐬고 싶어? 그러면 우리 산책 다녀올까?"
"더워? 웃옷 하나 벗을까?"

아기가 첫돌이 되기 전까지는 무한 돌봄의 시기이며 엄마와 아기는 '완벽한 캥거루족'으로 살아야 한다는 사실을 꼭 기억하세요.

옹알이를 시작한 아기에게는
밝고 높은 톤으로 반응하자

오오오오~ 우우우~ 아기가 열심히 말 연습을 합니다. 뱃속에서 들었던 모국어의 리듬, 엄마 아빠의 목소리는 아기에겐 모국어 배우기의 기초가 되지요. 울음도 점점 세분화되는가 하면 울음 대신 칭얼거림, 보채기, 짜증내기 같은 방법으로 표현하기도 해요. 아기의 의사표현이 다양해지는 것을 보니 참으로 신기하고 뿌듯합니다. 앞으로는 좀 더 다양한 소리로 자기를 표현하겠죠? 소리와 감정이 단어로 전환되는 놀라운 모습도 보게 될 거예요.

옹알이는 생후 2~3개월쯤에 시작돼요. 어느 아기는 밤잠 잘 자고 일어나 모빌을 보며 "오오오오~" 하고 옹알이를 하거나 끼룩거리며 숨넘어갈 듯 웃어서 엄마가 깜짝 놀랐다고 해요. 우리 아기는 어떤 모습을 보여줄지 기대되시죠? 옹알이를 한창 하다가 안 하는 시기도 있지만 염려 마세요. 옹알이를 시작하는 시기도 아기마다 차이가 있어요. 목을 가누고 눈을 맞춘다면 옹알이가 없어도 걱정할 일은 아니에요.

아기가 옹알이로 의사표현을 하면 엄마는 말로 대답해주세요. 아기가 한참 말을 배우려고 할 때 엄마가 어떻게 반응하느냐에 따라 아이의 언어 발달을 촉진할 수도 있고 말을 늦게 배우는 아이로 만들

수도 있거든요.

아기가 "옹알옹알 바블바블" 하고 자음과 모음을 섞어 소리를 내면 "우리 아기, 기분 좋아요?" 하고 감정을 대신 표현해주거나, 만약 기저귀를 갈아줄 때 소리를 내면 "엄마가 기저귀 갈아주니까 시원해요?", "우유 먹으니까 배불러요? 기분 좋아요?" 하며 말을 거세요. 이때 엄마의 목소리는 낮고 조용하기보다 조금 높고 밝은 톤이 좋아요. 아기는 낮은 톤보다는 밝고 높은 톤의 목소리에 반응하기 때문에 엄마의 목소리가 밝고 환하면 더 잘 들리거든요. 유치원 선생님들이나 TV의 어린이프로그램 진행자가 맑고 높은 음으로 말을 하는 것도 아이들에게 전달이 잘되는 소리이기 때문이에요.

리드미컬하게 노래하듯 물결 타는 듯 한 엄마의 목소리, 밝고 높은 톤의 기분 좋은 엄마의 목소리, 편안하고 따뜻한 엄마의 목소리 등을 들으며 아기는 언어를 더 잘 배워갑니다.

우리 아기의 첫 단어 "엄마"

옹알이 시기가 지나면 아기는 한 단어로 표현하는 일어문一語文 시기를 거칩니다. 이어 두 단어로 문장을 표현하는 이어문二語文 시기를 거쳐 문장으로 말하는 단계로 나아가지요. 이 단계들을 거치는 동안 엄마는 길지 않지만 문장으로 대답해주는 것이 중요해요. 예를 들어 볼게요.

아기 : [보행기에 앉아 팔짝팔짝하며] 엄마.

엄마 : 응, 엄마? 엄마 불렀어요? 기분 좋아요?

아기 : [방금 전 먹은 우윳병을 가리키며] 맘마.

엄마 : 우리 아기, 조금 전에 맘마 먹었지요?

아기 : [과자를 가리키며] 까까.

엄마 : 우리 아기, 과자 먹고 싶어요? 과자 줄까요?

아기 : [현관을 가리키며] 엄마, 가자.

엄마 : 우리 아기 밖에 나가고 싶어요?

아기의 상황을 살펴서 그에 알맞은 문장으로 반응해주는 것은 아기와 굉장히 중요한 언어적 상호작용을 하고 있는 거예요. 또 단순히 단어를 가르치는 것이 아니라 모국어 특유의 문장과 억양, 어투를 가르치는 일은 이 시기에 엄마가 해줄 수 있는 중요한 언어 교육입니다. 누가 체계적으로 가르쳐준 적이 없는데도 3~4세가 되면 말을 능숙하게 하는 것은 이 시기부터 시작된 엄마와의 부단한 말 연습 덕분이죠. 아기를 향한 부모의 관심과 언어적 반응이 우리 아기의 바른 언어 사용에 중요한 지침이 됩니다.

단, 이 시기에는 언어 반응을 할 때 너무 길지 않게 말하는 게 좋아요. 아기의 행동과 한두 음절에 친절하고 정확하게 반응해주는 엄마의 말을 들으며 아기는 자신의 감정에 대해서도 배워갑니다. "배가 고파 울었구나?"처럼 아기의 울음에 대해서도 감정을 표현해주면 도움이 되겠지요.

냠냠, 이유식으로 밥 먹는 연습하기

생후 5~6개월쯤이면 모유 속 영양 성분이 부족해지기 시작해요. 그렇다고 바로 밥을 먹을 수는 없으니 이유식으로 식사에 적응시켜야겠죠?

이유식에 쉽게 적응하지 못할 수도 있어요. 맛이 낯설거나 소화를 시키지 못해서, 혹은 넘기는게 자연스럽지 못해서 게워내는 경우도 많죠. 그럴 땐 아기가 이유식에 익숙해지도록 유도해주세요.

"아가, 이건 이유식이라는 거야."

"맛이 생소하겠지만, 네 몸을 튼튼하게 해줄 영양이 듬뿍 들어 있단다."

"냠냠, 맛있게 먹자~ 아이 맛있어."

이렇게 말하면서 음식을 먹는 것처럼 입 모양을 흉내 내면 아기가 재미있어하면서 흉내 내려고 할 거예요. 그렇다고 너무 서두르지는 마세요. 아기가 적응하려면 시간이 좀 걸려요.

엄마의 젖을 먹었거나 젖병을 사용해온 아기라면 숟가락을 거부할 수도 있는데, 숟가락에 익숙해질 때까지 기다려주는 수밖에 없어요. 억지로 숟가락을 입에 대면 아기는 먹는 것 자체를 거부할 수도 있거든요. 차가운 재질의 숟가락보다는 부드러운 실리콘 재질의 숟가락을 사용하면 좀 더 빨리 적응할지도 몰라요.

빨대 사용법을
알려주자

6~7개월이면 아래쪽 앞니가 나기 시작하고 손과 손가락 근육도 발달해 제법 손가락을 사용하기 시작합니다. 이유식을 할 때는 숟가락을 쥘 수 있을 때까지 손으로 집어 먹을 수 있는 이유식을 준비해주는 것도 좋아요.

젖병에 물을 넣어 빨아 먹게 하던 것을 컵을 이용해 마시게 하고, 그다음엔 빨대를 이용해 컵의 물을 '빨아 마시는' 단계로 나아가보세요. 아기가 빨대로 마시는 과정에서 여러 가지를 습득하게 됩니다.

- 빨대를 빨 때 힘을 조절하는 방법을 배웁니다.
- 이 과정에서 사레가 걸렸을 경우 "사레가 걸렸구나. 천천히 빨아 마실까?" 하고 상황을 설명하면 아기가 언어적 표현을 알아 듣고 빠는 힘을 조절합니다.
- 차츰 자신이 원하는 양을 빨아들이려면 어떻게 힘을 조절해야 하는지를 익히게 됩니다.

젖병 떼고
양치 습관을 들이자

이유식은 12개월 전후에 마무리하는데, 아울러 관심을 가질 부분은 다음과 같습니다.

- 젖병과 컵 사용 번갈아 하기
- 젖병 떼기 : 우유도 컵에 따라 마시도록 합니다.
- 숟가락 사용을 시도하기 : 엄마가 아기 손을 쥐고 같이 합니다. 부드럽고 천천히 해서 아기 앞니에 부딪치지 않도록 조심해주세요. 아기가 '숟가락질은 즐거워'라고 느끼는 것이 중요합니다.
- 양치하기 : 이유식 시기엔 여러 음식을 먹게 되고 치아가 난 상태

이므로 이유식을 먹은 후에는 끓인 물을 식혀서 거즈에 물을 묻힌 후 이와 잇몸을 닦아주세요. 이때도 아기를 안고 "싹싹싹싹이를 닦자. 쓱쓱쓱쓱 잇몸 닦자. 뽀득뽀득 뽀득뽀득 혀도 닦자"하며 리드미컬한 목소리로 양치 상황을 노래하듯 말해주세요. 즐겁게 엄마와 함께하는 이 시간을 아기는 즐겁게 받아들일 거예요.

아기의 타고난 기질, 존중하고 받아들이기

기저귀를 갈아주고 배부르게 양껏 먹고도 칭얼거리는 아기가 있는 반면, 잘 먹고 잘 자고 잘 놀고 잘 웃는 아기도 있어요. 어떤 아기는 까다로워서 엄마를 무능감에 빠지게 하고, 어떤 아기는 너무 순해서 엄마로 하여금 유능감과 행복감에 젖게 하지요.

문제는 까다로운 아기를 가진 엄마의 불행한 느낌이에요. 이런 엄마는 자신의 감정을 여과 없이 아기에게 토로합니다.

"왜 이렇게 힘들게 해?"
"엄마도 힘들어."
"어떻게 하라고 그러는 건데."

중요한 건 아기가 일부러 엄마를 힘들게 하는 게 아니라는 사실이

에요. 그저 타고난 기질이 그런 거지요.

타고난 성향은 어떤 방법으로든 고치기 힘들어요. 엄마가 너무 싫어하면 아이가 의도적으로 그런 성향을 감출 수는 있겠지요. 그러면 아이는 행복하게 자랄 수 없어요. 그러니 아이의 기질을 이해하고 인정하고 존중해주세요. 그래야 엄마도 마음이 편해집니다.

까다로운 아기,
어떻게 키울까?

안아도 울음을 안 그치고, 목욕 한 번 시키려면 온 가족이 진땀 빼고, 넘어갈 듯 우는 건 예사고, 고집도 만만찮은 아기. 이런 아기는 저녁부터 밤 시간대에 더 유난스럽습니다. 그런 아기와 씨름하고 있자면 '얘가 부모를 힘들게 하려고 태어났나' 하는 생각이 하루에도 여러 번 들지요.

까다로운 아기를 키우다 보면 엄마도 거칠어지기 쉽습니다. 하지만 아기도 그러고 싶어 그러는 게 아니에요. 만약 엄마가 완벽주의를 추구하는 성향이라면 까다로운 아기를 돌보는 것이 더 힘들 거예요. 분명한 건 아기의 기질을 바꿀 수 없다는 사실입니다. "왜 그래?"라고 아무리 물어도 아기는 대답할 수 없습니다.

이유를 찾자면 뇌의 작용으로 인한 기질 탓입니다. 엄마가 태교를 잘못해서도 아니고 엄마 아빠의 성격 때문도 아니니 자책감 갖지 마세요.

아기를 돌보느라 힘들겠지만 '엄마가 맞춰줄게. 너도 얼마나 힘드니?'라는 마음으로 아기를 이해하세요. 악을 쓰고 우느라, 발버둥치고 우느라 아기도 많이 힘들어요. 아기가 자지러지며 울더라도 '잘 달랠 수 있다'고, 아기가 심하게 보채더라도 '따뜻하게 대할게'라고 엄마 스스로 자신감을 가져야 합니다. 아기는 엄마의 기분과 상태를 가장 민감하게 알아차리거든요.

무엇보다 엄마의 안정이 우선이에요. 힘들고 짜증난다는 이유로 아기에게 소리치지 마시고, '얘가 도대체 왜 이러나' 하는 지나친 걱정도 내려놓아야 합니다.

아기의 까다로운 행동에 불만이 커지면 엄마로서 자신감이 약해지고 무력감에 빠집니다. 무력감이 지속되면 우울한 감정까지 생겨요. 그러니 너무 견디기 힘들면 아기에게 "엄마가 숨 좀 고르고 올게"라고 말하고 잠시 엄마만의 공간에서 심호흡을 하세요. 그러면 거칠어진 마음을 고르게 가다듬을 수 있어요.

엄마가 안정적이고 긍정적인 마인드로 아기를 돌보면 까다로운 성향이 '활동적이고 적극적이며 자기주장도 잘하는 독립심 있는 아이'라는 강점으로 발전할 수 있습니다. 까다로울수록 싫증을 잘 내고 누워 있는 걸 싫어하기 때문에 더 빨리 학습하고 자신의 의사를 적극적으로 표현하는 특성이 있거든요.

적응이 더딘 아기,
어떻게 키울까?

어찌 보면 온순하고 어찌 보면 손이 많이 가는 아기가 적응이 더딘 아기예요. 뭐 하나 하려면 시간이 오래 걸리고, 적응할 법도 한데 여전히 까다로운 것도 같고….

친숙한 환경에서는 온순하고 순한데 큰 소리나 갑작스런 변화에 놀라거나 몸이 불편할 때는 까다로워지는 아기가 적응이 더딘 아기입니다.

새로운 환경에 적응하는 데 시간이 걸리는 아이, 엄마들의 눈에는 '답답한 아이'죠. 그래서 적응이 더딘 아기가 자라면 훗날 이런 에피소드를 만들어낼지도 몰라요.

"학교 갈 때도 세월아 네월아, 뭐 하나 하는 걸 보면 3박 4일이 걸리고, 아이 지켜보자니 속에서 천불이 나고, 밍기적거리다 또 딴 짓하고, 먹는 거 좋아하면서 움직임은 둔하니 살까지 찌는 것 같아요."

적응이 더딘 아기를 둔 엄마들의 질문은 까다로운 아기를 둔 엄마들 질문 이상으로 많습니다. 적응이 더딘 아기들도 까다로운 아기만큼 엄마들에겐 큰 고민인 거죠.

기질은 타고나지만 아기 때부터 기질을 알아 맞춰주고 장점으로 이끌어주면 강점이 많은 아이가 되고, 그렇지 않으면 기질이 약점으로 고착화됩니다.

약점이 많은 아이는 매사 부모의 손길이 필요해서 아이와 부모 모두 힘들어집니다. 그럼, 적응이 더딘 아기들은 어떻게 키워야 잘 키울 수 있을까요?

적응이 더딘 아기에게 해서는 안 되는 말이 있습니다. 바로 약점을 건드리는 말인 "왜 이렇게 느려 터져?"입니다. 이 말은 아기의 자존감만 훼손시킬 뿐 느린 행동을 고치는 데 도움이 되지 않습니다. "아이구, 속 터져!"라는 말도 아기에게 상처만 줄 뿐입니다.

그 대신 더딘 적응력을 감안해서 하루 일과를 정해 지속적으로 실천하고, 지나치게 낯선 환경에는 시간을 갖고 노출시키는 것이 좋습니다. 적응력이 더딘 아기일수록 적응해야 하는 낯선 환경에 더 많이 스트레스를 느낀다고 해요. 불안한 상황에 덜 노출되도록 하고, 적응해야 하는 상황에서는 불안감을 많이 느낄 수도 있다는 점을 인정해주세요.

새로운 상황에 노출될 일이 있으면 천천히 적응하도록 시간을 배려하세요. "왜 그래? 괜찮아" 하며 억지로 적응시키려고 하기보다 아기의 낯가림과 더딘 적응 속도를 기다려주고 인정해주세요.

"낯설구나? 그래. 알았어."

무언가를 배우는 것도 다른 아이들보다 더딜 수 있습니다. 나중에 아기가 커서 캠프를 가거나 태권도 등을 접하게 할 때도 아이와 충분히 이야기하고 이해시킨 뒤에 시작해야 합니다. 아기가 서서히 적응하도록 여러 번에 걸쳐 시도해주고, 적응하면 아낌없는 격려와 칭찬을 해주세요. 수줍어하고 낯가림이 조금 심해도 '우리 아기는 천천히 적응하는 중이야'라고 엄마가 마음을 편안히 가지면 엄마와 아기 모두에게 도움이 될 거예요.

돌다리도 두드리고 건너는 신중함, 잘 적응했을 때 누구도 따라오지 못할 지구력과 성실함으로 맡은 일을 근사하게 해내는 아이들이 바로 이러한 기질을 가진 아이들입니다. 장점이 나타날 때까지 따뜻한 마음으로 기다려주세요.

순한 아기,
어떻게 키울까?

잠도 잘 자고 주는 대로 잘 먹고 목욕을 시켜도 좋아하는, 말 그대로 손이 덜 가는 아기를 가리켜 '순하다'고 합니다.

"우리 아기는 순둥이예요. 잘 먹고 잘 자고 잘 놀아요. 이런 아기라면 둘이나 셋도 충분히 키우겠어요."

엄마를 편하게 해주니 보기만 해도 안아주고 싶고 행복 바이러스도 마구 솟아납니다. 우리 아기가 이런 아기라면 얼마나 좋을까요?

그런데 잘 먹고 잘 놀고 잘 자고 덜 우니 아기가 무럭무럭 쑥쑥 잘클 수도 있지만, 거꾸로 생각하면 온순한 아기는 자칫 손이 덜 간다는 이유로 방치되는 경우가 생겨요. '우는 아이 젖 더 준다'는 말이 있죠? 울지 않으니 부모로부터 돌봄과 반응을 덜 받을 수 있다는 의미예요.

돌봄이 적으니 더딜 수 있어요. 울지 않으니 안아줄 일이 적고, 칭얼거리지 않으니 눈 맞출 일도 적고, 혼자 잘 노니 굳이 엄마가 놀아줄 필요를 느끼지 못하거든요. 그러면 자연스럽게 엄마로부터 받는 자극의 양이 적어지죠.

조용하고 활동량이 적은 아기일수록 엄마나 아빠가 자극도 많이 주고 경험도 두루 시켜줘야 해요. 아기가 누워 있기만 하면 세상을 배우는 기회가 적고 발달이 늦어질 수 있으니 안아 일으켜 아기의 시야를 넓혀주세요.

아기가 해달라고 하지 않아도 엄마가 나서서 상호작용을 유도해야 합니다. 장난감도 아기가 싫증낼 때까지 기다리지 말고 엄마가 알맞게 바꿔주세요. 누구보다 관심과 자극을 더 주어야 할 아기가 바로 '순한 아기'입니다.

엄마의 노력에 따라
단점도 장점이 될 수 있다

순하거나 까다로운 성향은 부모가 어떻게 대하느냐에 따라 '금상첨화'도 되고 '설상가상'도 됩니다. 순한 아기가 부모의 살뜰한 보살핌과 자극을 받는다면 세상에 대한 자신감과 관심을 느껴 외향적이고 적극적이고 자신감 넘치는 아이로 자랄 것이고, 적응이 더딘 아기가 기질을 인정받고 부모의 배려로 낯선 환경에서 적응할 기회를 충분히 갖거나, 단계적으로 적응함으로써 스트레스에 많이 노출되지 않는 등 충분한 보살핌을 받는다면 아이는 누구보다 꾸준하고 집중력 높은 태도, 성실함으로 목표한 바를 달성할 수 있습니다. 까다로운 아기가 차분하고 안정감 있는 부모 밑에서 자란다면 호기심으로 세상을 탐색하며 적극적이고 진취적인 기상을 가지게 될 거예요.

아기의 성향을 잘 살려서 키우는 첫째 조건은 "왜 그러는 건데?"라는 말보다는 "그렇구나"라는 말로 아이가 타고난 기질을 인정해주는 거예요. 그러면 '괜찮은 성격'을 가진 아이로 자라고, 좋은 성격을 바탕으로 세상을 받아들이고 배워서 제대로 된 '인격'을 갖춘 사람이 됩니다.

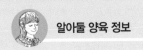

생후 12개월까지

● 생후 6개월이 지나면서 아기는 운동 능력이 발달하고 운동량도 많아집니다. 기어다니고 적극적으로 움직이며 손으로 만지고 탐색도 해요. 자신이 세상의 중심이라 여기고 관심이나 도움을 받으려고 행동으로 표현합니다. 엄마가 "안 돼"라고 말을 하면 그 의미를 알아채기도 합니다. 아직 말로 하는 표현은 부족하지만 듣는 귀가 발달해서 엄마의 말을 알아듣거든요. 자신의 마음에 들지 않으면 거부 의사를 보이고 낯가림도 합니다.

● 이 시기에 엄마는 아기와 신뢰감을 형성하는 데 신경을 써야 합니다. 타인에 대한 신뢰가 있어야 사회성이 발달하는데, 아기 입장에서 첫 번째 타인은 엄마거든요.

● 사회성, 언어 발달, 인지력을 키우기 위해서는 현재 일어나는 상황을 말로 표현해주는 것(상황 중개)이 도움이 됩니다. 엄마가 유쾌하고 즐거운 목소리로 "기저귀 갈아줄게요", "우리 아기 맘마 먹자. 턱받이 먼저 할까?" 등으로 표현하는 거죠. 아기가 낯설어하거나 무서워하면 "낯설구나", "무서워요? 안아줄게(토닥토닥)" 하고 낯가림에 대해 인정해주는 말도 좋아요.

● 생후 6개월이면 이가 나려고 간지러워 할 텐데, 이럴 때는 "이가 나려고 가렵구나?" "시원하게 잇몸 문질러줄게" 하는 거죠. 이렇게 순간과 상황을 설명하는 것은 아기의 언어와 사회성 발달, 애착 형성에 매우 좋습니다.

● 사물의 이름을 알아가며 호기심을 키우고, 특정 신체 부위의 이름을 아주 흥미로워 해요. '배꼽 어디 있어~'라고 하면 신체 부위를 잘 짚어낼 거예요. 이렇게 아기 자신과 주변의 사물 이름, 상황에 대한 다양한 표현을 알아가면서 아기의 언어는 놀라울 만큼 발달합니다.

"뜨거워", "아이 좋아" 등 감각과 감정 표현에 대한 말도 들려주면 좋아요.

PART 3

아기에서 아이로 훌쩍!
우리 아이 성장 돕기

생후 13~24개월

생후 13~24개월

말하기 시작하고, 걷기 시작하고, 눈을 동그랗게 뜨고 세상을 탐색하는 아이를 보고 있자니 한없이 기쁘고 신기합니다. 이 시기부터 3세까지는 아이가 자율성을 만끽하고 싶은 욕구가 커져요. 그 옆에서 엄마 아빠는 할 일이 참 많아요. 말 배우는 것도 도와주고, 탐색하며 배우고 익히는 욕구를 채워줘야 하고, 해야 하는 것과 해선 안 되는 것의 기준도 세워줘야 하고, 세상을 당당하게 살아갈 수 있게 자존감도 키워주어야 하지요. 아기와 꾸준히 애착을 형성하는 것도 물론 신경 써야지요. 이 모든 것을 잘해내기 위해선 엄마와 아빠가 서로를 배려하는 마음가짐이 필요합니다. 그런 부모 밑에서 아기는 편한 마음으로 세상을 향해 맘껏 나아갑니다.

아이는 탐색을, 엄마는 육아를
본격적으로 시작할 때

머리를 들더니 뒤집고, 기기 시작하더니 서서 걸으려고 애쓰던 아기가 첫돌이 지나면서 훌쩍 큰 것 같아요. 걸음마도 시작하고, 굴러오는 공을 잡을 수도 있죠. 말도 잘 알아듣고 귀여운 발음으로 제법 말도 합니다. 덩치도 커졌어요. 이제 막 첫돌이 지났음에도 아기의 키는 1.5배, 몸무게는 3배나 늘어났지요.

아이의 탐색 욕구가 폭발하는 시기이기 때문에 이제부터는 엄마 아빠의 말 한 마디, 행동 하나하나가 아이에게 영향을 끼칠 거예요. 엄마와 아빠가 나누는 대화가 아이의 언어 세계를 형성하고, 아이에 대한 엄마의 '말 반응'이 아이의 언어 발달 및 사회성과 정서 발달에 영향을 주지요.

또 지난 12개월 동안 꾸준히 형성해온 애착은 아기가 세상으로 한 발씩 내딛을 때마다 용기를 주지요. 부모와의 애착이 안정적이고 건강하게 형성되어 있으면 어린이집이나 베이비시터에게 맡겨도 큰 어려움이 없지만, 애착이 불안정하게 형성되어 있으면 분리불안의 원인이 되어 아침마다 이별전쟁을 치를 수 있어요. 그러니 아직 애착형성이 불안정하다면 이제라도 아기와의 애착에 신경을 쓰세요. 그리고 "아가야"라고 부르기보다는 이름을 불러주세요. 이름을 불러준다는 건 아기도 인격체로서 인정한다는 것을 의미합니다.

누워 있거나 기어 다니다가 걸어 다니게 되면 아이의 시야는 그만큼 넓어지고 행동반경도 커지고 행동은 빨라집니다. "안 해"라는 말로 거부 의사를 보이며 '반항'의 싹도 보입니다. 아이의 생각이 자라고 자기표현을 하게 된 것 같아서 "안 해"라는 말도 귀엽게 들리겠지만, 한편 또 다른 육아전쟁이 시작된 것 같은 기분이 드는 것은 왜일까요?

엄마는 할 일이 점점 늘어납니다. 아이를 위한 식사 준비도 해야 하고, 식사 예절도 조금씩 알려주고, 기저귀 뗄 준비도 하고, 생활습관에 대해서 기본기를 잡아주어야 합니다. 이제는 본격적으로 육아를 하게 되는 거예요.

세상을 향한 발걸음,
엄마와의 애착이 좌우한다

생존과 발달을 위해 누군가의 도움이 절실한 시기가 영유아기예요. 아이를 돌보는 사람이 아주 중요한 시기 역시 영유아기죠. 몸과 마음의 생존과 가치가 결정되는 시기인 데다 세상이 살 만한 곳인지, 믿을 만한 곳인지를 판단할 근거가 되는 것이 양육자이기 때문입니다. 이것이 주양육자인 엄마와 아기의 애착이 더 단단해져야 하는 이유입니다.

세상은 믿을 만한 곳임을
느끼게 해주자

애착은 많이 껴안는다고 해서 단단해지지 않아요. 기본적으로 신뢰감이 바탕을 이루어야 합니다. 아기가 무언가를 필요로 할 때 부모가 반응을 보이는 것이 신뢰감 형성의 첫 번째 요건이에요. 배고파서 울면 먹을 것을 주고, 칭얼거리면 달래주고, 아이의 말에 반응을 보이는 등 아이의 요구에 응답하는 과정에서 신뢰감은 차곡차곡 쌓입니다.

예를 들어 아이가 우유를 먹고 난 후에 우유병을 가리키며 "우유"라고 말했을 때 엄마가 "우리 지나, 우유 먹었지요?"라며 아기의 말과 행동에 반응을 보이면 아이는 '엄마가 나를 항상 지켜보고 있다', '엄마는 나를 사랑해'라고 느끼고 '엄마는 내가 믿고 의지할 사람'으로 인식합니다. 또 자신이 존중받았다고 느끼며 엄마의 관심과 지지를 바탕으로 세상으로 나아갈 용기까지 얻습니다.

아이가 엄마에게 한 발짝 두 발짝 걸어올 때도 반응을 보여주세요.

"어머, 우리 유민이 잘도 걷네요. 엄마는 여기 있어요."

아이가 장난감을 가지고 놀다 엄마를 볼 때도 얼른 눈길을 마주하며 환한 표정으로 마주합니다. 그리고 통통 튀는 목소리로 말을 건네는 거죠.

"우리 유민이, 장난감놀이 잘도 하네요. 재미있어요?"

"안 해"라는 말도 자주 할 텐데, 이 시기의 "안 해"는 반항이 아니에요. 생각이 커지고 자기 의사를 표현하기 시작했다는 신호이며 "안해" 혹은 "싫어"라고 말했을 때 엄마 아빠를 비롯한 주변 사람들의 반응이 재미있어 반복하는 거예요. 그러니 혼내거나 꾸짖기보다는 아이의 마음을 읽어주세요.

살림하느라 아기를 돌보느라 바쁜 엄마가 아기의 요구에 즉각적으로 반응하는 것이 쉽지는 않아요. 그럼에도 불구하고 엄마가 아이의 건강을 위해 식사를 준비하고, 식사 예절도 알려주고, 기저귀를 떼게 해주고, 변기 사용법을 알려주는 등 최선을 다한다면 아이는 엄마를 믿고 세상에 더 빨리 적응하게 될 거예요.

분리불안에
대처하는 법

안정적이고 긍정적인 애착 형성으로 세상에 대한 믿음이 생긴 아이라면 안정감 있게 놀이에 집중하지만, 애착이 불안정한 아이는 어떤 놀이에도 집중하지 못하고 늘 엄마를 찾아 헤맵니다. 아이가 거실에 있고 엄마가 주방에 있는데도 못미더워 자주 확인하면서 불안해하죠. 이런 현상은 심한 분리불안으로 나타납니다. 엄마 껌딱지가 되는 거죠. 분리불안은 6~7개월에 시작되어 14~15개월에 강해지고 3~5세까지 지속되기도 합니다. 아이에 따라서는 초등학교 저학년까지 분리불안 증상이 나타날 수 있어요.

하지만 엄마가 늘 아이 곁을 지키고 있을 수는 없으니 아이가 분리불안 행동을 보인다면 이렇게 해보세요.

주방에서 설거지를 할 때

엄마가 주방에서 일을 하는데 자꾸 아이가 찾는다면 목소리로 상호작용을 하세요.

"민호야, 엄마는 설거지를 하고 있어. 우리 민호는 뭐하고 있나요?"

이렇게 말하고 고무장갑을 낀 손이라도 살짝 흔들어주며 엄마의 존재를 알리세요. 만약 아이가 반가운 마음에 뛰어와 안기면 활짝 안아주고 뽀뽀를 해준 후 "여기 있으면 물이 튀니까 거실에 가서 놀고 있어요. 엄마가 설거지 마치면 갈게" 하고 따뜻하게 얘기해주세요.

하지만 엄마가 목소리 상호작용을 너무 자주 시도하면 아이의 놀이를 방해할 수 있어요. 아이가 엄마를 부르거나 엄마를 쳐다볼 때 반응하는 것이 가장 좋습니다.

화장실에 갈 때

엄마가 화장실로 들어가는 기척만 보이면 잘 놀다가도 장난감을 집어던지고 화장실 앞에서 울어대는 아이들이 많아요. 그러면 참으로 난처하죠. 잘 놀더니 언제 알아차린 걸까요?

이런 아이들은 엄마가 자기 옆에서 지켜주고 있다고 생각되면 잘 놀다가 엄마가 자기 옆을 지키지 못하니 기어코 엄마 곁으로 가는 것이죠.

그럴 때는 화장실 문을 닫지 않고 볼일을 보거나, 화장실 문을 조금 열어두고 엄마가 지켜보고 있다는 것을 확인시켜주거나, 엄마가 화장실에서 동화를 읽어주는 것 같은 방법으로 아이의 불안감을 덜어주세요.

시간이 날 때마다 수건이나 스카프를 이용해 '까꿍놀이'나 이불을 이용한 '있다 없다 놀이'를 많이 해주세요. 그러면 엄마가 안 보여도 아주 사라진 게 아니란 걸 깨닫게 된답니다.

아이가 낯가림이 심할 때

유난히 낯가림이 심한 아이들이 있습니다. 그런 아이들은 낯선 환경에 적응하는 속도가 더딘 편인데, 그런 성향을 고려하지 않은 채 다그치면 분리불안 행동을 보일 수 있어요. 낯선 사람, 낯선 환경에 대한 불안을 울음이나 떨어지지 않는 행동으로 표현하는 것이죠. 낯가림은 국어사전에는 '갓난아이가 낯선 사람 대하기를 싫어함'으로 풀이되어 있지만 이 현상은 유아기까지 지속되기도 해요.

만약 아이의 낯가림 행동에 엄마가 "왜 그래? 괜찮아. 다른 애들은 다 잘 놀잖아. 저기 가서 친구들과 같이 놀아"라고 반응하며 아이의 성향을 인정해주지 않으면 엄마에 대한 신뢰감은 쌓이지 않고 불안 감이 커져서 아이는 엄마에게 더 매달립니다. 막연하게 "괜찮아, 괜 찮아"라고 말하는 것은 오히려 아이를 더 헷갈리게 만들거든요.

그러니 아이가 낯선 것을 불편해하면 "낯설어? 그래서 맘이 불편 하구나"라는 말로 아이의 마음을 헤아려주고 이해해주세요. 이런 과 정을 거친다면 이후에 유치원이나 어린이집에 보내도 밝은 인사로 아침 이별을 할 수 있습니다.

사랑에 결핍되면 아이가 더 매달려요

아이의 감정에 반응을 보이는 것은 애착 형성에 매우 중요한 초석 이 됩니다. 아이가 울 때는 혼내기보다는 먼저 감정을 알아주고 "왜 울어?"라고 묻기 전에 안아주거나 울음이 그치길 조용히 기다린 후 에 차분하게 말을 건네는 것이 도움이 됩니다.

꾸중을 듣고 감정을 거부당할수록 엄마에 대한 신뢰감이 낮아지고 엄마와의 일시적 헤어짐도 영구적 이별로 받아들이기 때문에 오히려 엄마에게 더 집착하게 돼요. '엄마가 날 사랑할까?', '엄마가 날 싫어하는 건 아닐까?' 하는 의심이 들수록 엄마에게 더 매달리거든요. 이처럼 엄마 껌딱지는 애정 결핍에서 시작될 수도 있습니다.

언어 발달, 이렇게 도와주자

이 시기의 아이는 말을 놀라울 정도로 빨리 배웁니다. "얘가 언제 이런 말을 배웠지?", "어떻게 이런 말을 알지?" 하며 놀랄 일이 많아지지요. 사물의 이름과 간단한 동사도 이용합니다.

엄마는 이때부터 교구에 관심을 갖습니다. 하지만 교구보다 더욱 효과가 높은 것은 아이의 모든 몸짓에 언어적으로 반응하는 엄마의 노력입니다. 아이의 말에 완성된 문장으로 정확히 발음하며 대답해주고, 아이가 쳐다보면 미소 짓고, 아이가 걸어가다 뒤돌아보면 고개를 끄덕이며 호응해주고, 아이가 말을 걸면 대답해주는 것이 모두 언어적 반응이에요.

메아리처럼
반응하기

메아리 반응이라는 것이 있어요. 아이가 단어 중심으로 짧게 얘기하면 그 말을 다시 짚어주면서 아이가 정말 하고 싶은 말을 문장으로 대답해주는 것이죠. 예를 들어 "엄마 물" 하면 "엄마 물, 했어요? 엄마가 물, 줄까요?" 식으로 아기가 한 말을 한 번 더 정확하게 짚어서 메아리해주시고, 아이가 하고 싶었던 말을 간단한 문장으로 완성해주는 것이지요. 이 방법은 아이에게 정확한 발음을 알려주고, 완성된 문장으로 대답함으로써 표현력을 키워주는 효과가 있어요.

이때 엄마가 욕심을 부려선 안 돼요. 예를 들어 아이가 "엄마 우유" 했는데 "우리 민지 우유 먹고 싶어? 그럼 엄마 우유 주세요~ 해야지"라고 아이에게 요구하는 건 아이의 어휘력을 끌어올리기보다는 부담만 주는 피드백이에요.

가장 효과적인 반응은 천천히 또박또박 말하며 반응해주는 거예요.

"우리 민지 우유 먹고 싶어요?"

이 정도면 좋겠지요.

쏟아지는 질문에
정성껏 대답해주기

"이건 뭐야?"

"아냐?"

"안 돼?"

"왜?"

물은 내용을 또 묻는 것이 이 시기 아이들의 특징입니다. 어떤 부모든 아이가 처음 질문을 했을 때는 대견해하며 정성껏 대답해주지만, 아이가 끊임없이 같은 질문을 하면 무심하게 "응" 하고 말하고 말죠. 아이는 확인성 질문도 반복합니다.

그런데 아이가 질문을 쏟아놓을 때가 언어 발달을 촉진할 수 있는 절호의 기회예요. 충분히 관심을 가지고 대답해주면 아이의 언어 능력이 발달하는 것은 물론 자존감을 높이고 호기심을 발달시키고 창의력도 좋아집니다.

이 시기에는 "안 해" 등 부정문을 사용하고 의문문과 명령문을 이해하기도 해요. 두 단어 이상을 사용하고 '내가'라는 대명사도 곧잘 사용합니다. 엄마가 제대로 된 문장으로 대답해준다면 아이의 언어 능력을 자연스레 향상시킬 수 있는 것이죠.

그래도 아이가 대답을 해주었는데도 자꾸 질문하면 귀찮을 수도 있어요. 그럴 땐 '내 아이는 호기심 천재, 창의력의 귀재야'라고 생각을 전환하고 적극적으로 반응해보세요. 아이의 인지력까지 고려해 성의 있게 대답한다면 더 효과적이겠죠?

아이 : [선풍기를 가리키며] 이거 아야 해?
엄마 : 응. 이건 바람개비가 돌아가서 손가락 넣으면 다쳐서 아야 해.
아이 : [다시 선풍기를 가리키며] 왜?
엄마 : 바람개비가 윙윙윙 돌아가니까 손가락이 끼면 다치는 거야.

의성어, 의태어로
어휘력 높이기

아이의 언어 능력 발달에 도움을 주는 아주 중요한 선물이 있습니다. 바로 의성어와 의태어가 들어간 동시, 동요를 들려주는 것이에요.
의성어와 의태어는 동시나 동요의 노랫말을 통해 들려줄 수도 있지만 일상의 소리나 모양새를 의성어와 의태어로 표현해주어도 좋아요. 세수할 때, 샤워할 때, 양치할 때, 식사할 때, 장난감 정리를 하면서 다음과 같이 표현할 수 있지요.

우리 재민이 푸푸 세수도 잘하네요.

우리 수아가 치카치카 양치질해요.

뽀득뽀득 손도 잘 닦아요.

우리 수아는 장난감 정리도 척척 잘하지요.

샤워기에서 물이 쏴아 나오네요.

바람이 살랑살랑 부네요.

펄펄 눈이 오네요.

오른팔 쏘옥 왼팔도 쏘옥, 옷도 잘 입어요.

의성어와 의태어는 소리와 모양을 나타내는 말이기 때문에 아이들이 상황을 더 흥미롭게 느끼고 호기심도 키웁니다. 경쾌하고 리드미컬하게 노래하듯 의성어와 의태어를 사용하면 느낌까지 잘 배울 수 있어요.

특히 "배꼽이 쏘옥, 눈은 반짝, 귀는 쫑긋" 같은 표현으로 신체에 관심을 갖게 하거나 "아빠 방귀 뿡뿡, 엄마 방귀 뿡뿡, 아기 방귀는 뽀옹~" 등으로 의성어와 의태어의 센 느낌, 여린 느낌, 큰 느낌, 작은 느낌 등을 들려주면 다양한 언어 표현을 자연스레 배우고 사용할 수 있게 됩니다.

동요를 통해 들려주는 의성어, 의태어도 있어요. 동요 〈곰 세 마리〉를 부를 때 '곰 세 마리가 한 집에 있어 아빠 곰은 뚱뚱해, 엄마 곰은

날씬해, 아기 곰은 너무 귀여워'에서 '뚱뚱', '날씬', '귀여워'의 느낌
을 살려 부르면 아이가 어휘의 느낌을 자연스레 익힐 수 있습니다.

전래동요는 리듬이 단순하고 반복적이어서 자장가로 활용하거나
노랫말을 바꾸어 들려주면 다양한 어휘를 익히는 데 좋습니다.

'멍멍멍멍 짖지 마라. 야옹야옹 울지 마라. 짹짹짹짹 노래하네. 삐
악삐악 엄마 찾네.'

이 외에도 재미있는 의성어와 의태어가 많으니 아이와 재미있게
어휘를 가지고 노세요. 언어 '유희요'가 됩니다.

수다쟁이 엄마가
말솜씨 좋은 아이를 만든다

말은 소리로 표현되지만 의미가 결합되어 있고, 의미는 발음은 물
론 억양과 어투 등을 통해 전달된다는 점에서 일반 소리와는 달라요.
특히 우리말은 음절로 구성되어 하나의 음절에 하나의 소리가 나는
특징이 있고, 연음법칙이 있어 음절을 또박또박 정확하게 발음해야
바르게 전달됩니다. 그래서 아이와 대화할 때는 밝은 소리로 조금 천

천히 말하는 게 좋아요.

아이가 말을 배우는 첫 단계는 '듣기'예요. 가장 많은 시간을 함께 보내는 사람인 엄마의 말소리를 듣고 그 소리를 흉내 내면서 말을 배워나갑니다. 첫돌이 지나면서는 아이가 명사를 사용해 의사표현을 하기 시작하는데, 이때야말로 '엄마의 수다'가 정말 중요합니다. 엄마의 말을 통해 어떤 말에 강세를 주는지, 친절한 어투와 엄격한 어투도 배우고 구분하게 되니까요. 이런 과정은 칭찬과 훈육의 말을 이해하는 데도 도움이 됩니다. "목욕 하자~" 할 때의 말투, "밥 먹을까?" 할 때 음절의 강세, 식사하면서 "우리 우현이, 꼭꼭 씹어서 잘 먹네" 하면 '아, 이런 게 꼭꼭 씹어 먹는 거구나' 하며 아이는 상황을 표현하는 문장을 배우고, '와' 하는 감탄사와 '잘 먹네'라는 엄마의 말투에서 '격려와 칭찬을 할 때는 이런 감탄사를 사용해 이런 느낌으로 말하는 거구나'를 익히게 됩니다.

한글 쓰기는 누구나 가르칠 수 있지만, 섬세한 말하기는 엄마만이 할 수 있는 일인 만큼 아이에게 엄마는 가장 훌륭한 언어 선생님이에요. 엄마의 한 마디라도 놓치지 않으려는 지금이 엄마가 아이와 실컷 수다를 떨 수 있는 시기랍니다. 이 시기를 잘 활용하면 아이는 머지 않아 이런 칭찬을 듣게 될 거예요.

"어쩜 너는 그렇게 말을 잘하니?"

올바른 언어 사용자로
키우자

말솜씨는 좋지만 말투가 불친절하고 불만 섞인 듯이 말을 하는 아이가 있었습니다. 그 아이는 평소 찡그린 표정을 자주 짓거나 짜증을 많이 냈습니다. 그렇다 보니 그 아이의 얘기를 듣고 싶어 하는 사람은 별로 없었죠. 이런 아이들은 나이에 비해 어휘력이 풍부하고 언어 능력이 우수하지만 결코 말을 잘한다고 보긴 어렵습니다. 말을 잘한다는 것은 태도, 표정, 억양 등이 듣는 사람으로 하여금 듣고 싶어야 하고 이해하기 쉽게 전달돼야 합니다.

말을 할 때의 태도, 표정, 억양 역시 엄마와의 상호작용으로 배울수 있습니다. 예를 들어 아이가 "엄마, 이것 보세요" 했을 때 아이가 보라고 한 것을 보고 아이를 바라보며 아이의 말을 끝까지 들어주면 아이는 자신의 말이 존중받는다는 느낌을 받고 자존감도 올라갑니다.

다양한 어휘를 사용해서 자신의 의사를 정확히 표현하는 것도 중요하지만 '제대로 된 언어 사용자'가 되는 것도 아주 중요합니다. 화가 났다면 "나, 화났어요"라고 표현할 줄 알아야 하고, 친구의 장난감을 가지고 놀고 싶으면 무조건 '뺏는' 것이 아니라 "나랑 같이 놀래?" 혹은 "나도 네 장난감 가지고 놀고 싶어" 하고 말함으로써 친구의 양해를 구할 줄 알아야 합니다. 뺏는 것, 화내는 것처럼 몸으로 표현하는 것도 의사소통의 한 유형입니다. 의사소통의 기본이 말하기라면 비언어적 소통인 표정, 손짓 등도 함께 가르쳐야 합니다.

가장 효과적인 가르침은 부모가 올바른 모습을 보이는 것입니다. 말할 때의 표정이 어떤지, 목소리의 크기는 불필요하게 크지는 않은지, 명령형으로 말하고 있지는 않은지, 화가 나면 비난조로 말하지는 않는지를 스스로 돌아보고 바르게 잡아나간다면 아이의 언어 능력 향상은 물론 사회성과 인성까지도 바르게 발달시킬 수 있습니다.

아이의 성장 과정, 같이 기록하자

하루가 다르게 커가는 아이의 성장 과정을 예쁘게 기록하고 싶은 마음은 어느 부모나 다 같을 것입니다.

요즘은 굳이 비싼 아기 전용 스튜디오에서 전문가의 손을 빌리지 않아도 얼마든지 앨범을 만들 수 있습니다. 그렇게 하려면 찍은 사진을 폰에만 담아둘 것이 아니라 컴퓨터에 폴더를 만들어 1년 단위로 아이의 성장 과정을 정리해두는 것이 좋습니다. 아이의 사진만 촬영하는 경우도 많은데요. 이 시기에 엄마 아빠의 사진, 아기와 엄마 아빠가 함께한 사진도 골고루 촬영하면 더 좋은 추억이 될 거예요. 아이가 어린이집이나 유치원에 다니면 아기 때 사진 등을 준비물로 가져가야 하는 경우도 있어요. 언제든지 출력이 가능하도록 정리하면 더 좋겠지요.

아이가 초등학교에 들어간 후에는 영유아 시절의 자신의 모습을 사진으로 보여주는 것도 좋아요. 어릴 적 자신의 모습이 담긴 사진을 보는 것만으로도 아이는 엄마 아빠의 사랑을 느끼게 된답니다. 훗날 아이와 소통이 힘들 때도 이 시기의 사진들이 대화의 물꼬를 틀게 할 거예요. 자녀는 자신의 어린 시절의 모습을 보거나 듣는 것을 아주 좋아합니다. 부모와 아이의 유대관계를 입증하는 인증 샷을 많이 남기고 보관하세요. 가족 사랑의 보물창고입니다.

바쁠 땐 TV와 스마트폰을
쥐어줘도 되지 않을까?

엄마가 아무리 듣기 좋은 목소리와 장난감으로 아이와 상호
작용을 해도 부질없는 노력이 되는 경우가 있습니다. 바로 집 안을
소음으로 채울 때예요.

설거지 소리, 아니면 세탁기 돌아가는 소리가 소음이냐고요? 아니
에요. 이런 생활소음은 종일 발생하는 것도 아니고, 오히려 백색소음
이라 큰 문제가 되지 않습니다. 가장 문제가 되는 소음은 바로 TV 소
리예요.

습관적으로 TV를 켜놓고 사는 집이 생각보다 많습니다. TV를 좋
아한다는 한 엄마는 "TV 소리를 작게 해놓으면 안 될까요?"라고 물
었습니다. 대답은 하나입니다. "TV는 끄는 게 좋습니다." 아이의 시
선이 자꾸 TV로 향하거든요. 처음엔 아이가 자신도 모르게 TV에 빠
져들 거예요. 그러다 어느 순간부터는 눈을 뜨자마자 리모컨을 찾아

켤지도 몰라요. 미국소아과학회에서 TV의 영향력을 연구했는데 '아이에게 TV를 보여주지 않아야 하며, 2세 이하의 아이에게는 절대 보여주지 않아야 한다'는 결과가 나왔어요.

지금 습관적으로 TV를 켜놓으셨다면 바로 *끄세요*. TV는 아이의 언어 발달을 비롯한 모든 발달에 도움은커녕 방해를 하거든요. 엄마와 아이의 소통을 단절시키는 원인이기도 합니다.

디지털 기기, 얻는 것도 있지만 잃는 게 더 많다

집안일은 쌓여 있고 아기는 자꾸 놀아달라고 보챌 때, 놀아주었는데도 더 놀아달라고 할 때 참 난감해요. 그럴 땐 어떻게 할까요? 요즘 엄마 아빠들이 아이의 손에 스마트폰을 쥐어주고 흐뭇하게 바라보는 경우도 있던데요.

TV만큼이나 엄마들을 고민에 빠뜨리는 것이 스마트폰이에요. 잠깐이면 아이에게 줘도 괜찮지 않을까 생각하는데, 스마트폰에 폭 빠져 있는 것은 잘 노는 게 아니에요. 아이가 매체에 끌려 다니는 것이죠.

뇌가 한창 발달하는 영유아기에는 세상과 교류하는 것이 가장 좋은 자극제예요. 엄마와의 생생한 상호작용을 비롯해 손으로 만지며 놀고, 다양한 소리를 듣고, 냄새를 맡고, 맛보는 것 등 모든 감각을 동원하는 교류야말로 아이가 세상을 배워나가는 유익한 방식입니다. 그러나 TV와 스마트폰 같은 자극적인 시청각에 의존하는 순간 아이의 뇌는 시청각을 담당하는 영역만 활성화되고, 나머지 영역은 대부분 가지치기(솎아내기)를 당합니다. 그런 경험이 반복되면 마치 팝콘처럼 펑 튀어 오르는 자극에만 반응하는 '팝콘 브레인'이 될 수 있어요.

할 일이 많은 엄마는 아이를 진정시킬 무언가를 찾다가 꿩 먹고 알 먹는 식으로 디지털 기기를 쥐어주며 학습 동영상을 보라고 합니다. 아이 또한 그걸 재밌게 보느라 엄마를 보채지 않으니 엄마는 편안한 마음으로 일을 끝낼 수 있지요. 그러나 학습 동영상 역시 표면상으로 일거양득인 것 같지만 절대 그렇지 않아요.

아무리 훌륭한 학습 콘텐츠라도 디지털 기기로 보여주면 얻는 것보다 잃는 것이 막대합니다. 부모 생각엔 학습 영상물은 언어 발달을 돕고 인지 기능도 좋게 할 것 같지만 애착을 형성해야 할 시기에 아이를 기계에 맡기면 아이는 기계와 노는 법을 배울 뿐입니다. 아이는 돌아다니며 만지고 경험하면서 온몸으로 배우는 능동적 존재인데 매체는 일방적 소통 도구라 의사소통을 왜곡시키지요.

아이와 마주 앉아 놀아줄 시간이 없다면 엄마의 일을 아이와의 놀이로 연결시키세요. 아이를 주방으로 데려와서 "연이야, 엄마가 요리를 할 거야"라고 말하고 밀가루 반죽이나 점토를 주세요. 아이는 반죽을 조물조물 만지며 놀면서 '내가 엄마를 도와주고 있어' 하는 자부심을 느낍니다. 아이에게 컵을 보여주면서 "엄마가 우리 연이의 컵을 닦네요", "냠냠, 된장찌개도 끓여요"와 같이 요리하는 상황을 아이에게 얘기해주는 것도 좋습니다.

이렇게 엄마와 교감하면 TV나 스마트 기기로 배우는 것 이상으로 뇌가 발달한답니다.

아이가 싫어하는 '나쁜' 엄마

 "엄마 나빠!"

아이가 엄마를 향해 이렇게 소리치는 데는 몇 가지 이유가 있어요.

우선, 아이가 원하는 것을 엄마가 해주지 않을 때입니다. 자신의 욕구가 좌절되었으니 엄마가 나쁘다는 생각을 하는 것이죠. 자기중심적인 특성이 강한 시기라서 그런 거예요.

두 번째 이유는 엄마가 자신을 혼냈을 때입니다. 엄마는 잘못된 행동을 고쳐주고 싶어서 그런 것인데, 아이 입장에서는 이해가 안 됩니다. 아이 생각에는 소리치면서 하는 말은 '나쁜 말'이고, 자신에게 불리한 말을 하는 엄마가 나쁜 사람인 겁니다.

아무리 내용이 좋아도 형식이 거칠면 진심을 전달하는 데 어려움이 있습니다. 싱싱한 채소나 생선도 운반 수단이 좋아야 소비자에게 신선한 상태로 전달되듯 엄마의 말이 아이에게 왜곡되지 않게 전달되려면 운반 도구(형식)가 제대로 갖춰져야 합니다.

엄마의 말들 중에서 아이가 '나쁘다'라고 인식하는 말은 "너 때문에 ~~했어"입니다. "너 때문에~~"라고 말할 때 엄마의 표정이나 말투가 고압적이고 무서워 보이기 때문이지요. 사실 이 말은 '네가 이렇게 하면 좋겠다'라는 의미인데 좋은 내용은 전달이 안 되고 '네가 잘못했지?'와 엄마의 무서운 표정만 받아들여지는 것입니다.

"도대체 왜 그래?"라고 따지는 말도 아이에게는 나쁜 말로 들려요. "도대체 왜 그래?"는 '네가 그렇게 하지 말고 이렇게 했으면 좋겠다'는 뜻인데 아이에게는 그 의미가 빠지고 그저 '나쁜 엄마' 이미지만 전달됩니다.

그러면 어떻게 해야 할까요? 아이는 아직 엄마 아빠의 말을 100% 이해하기에는 많이 어려요. 큰 소리로 혼내고, 한숨 쉬고, "도대체 왜 그래?"라고 말하면 엄마의 절망이 아이에게 전달되고, 그것이 반복되면 아이는 부모의 마음을 오해하고 결국 소통은 먼 나라 얘기가 되어버립니다.

가장 좋은 방법은 "엄마는 네가 이렇게 하면 좋겠어"라고 확실하게 표현하는 것입니다. 아이가 생각하는 '나쁜 말'이 아닌, 아이가 생각하는 '좋은 말'로 표현하면 훨씬 더 잘 알아들어요. 큰 소리보다 작은 소리가 더 잘 전달되고, "너 때문에"라고 아이 탓을 하는 것보다는 "네가 그렇게 행동하면 엄마는 네가 다칠까 봐 걱정이 돼"처럼 엄마의 감정을 전하면 돼요.

예를 들어 아이가 뭘 해달라며 계속 울 때 "울지 마. 엄마는 네가 울지 않고 말로 하면 좋겠어"라고 하면 아이는 울음보다는 원하는 것을 말로 표현하는 것이 더 낫겠다고 판단하게 됩니다. 혹시 '울지 마'라는 말이 명령형이라서 아이가 싫어하지 않을까 걱정된다면 너무 염려 마세요. '해서는 안 되는 것은 하지 않는 것'이라는 육아 원칙을 일관되게 적용하세요. 울음은 분명 감정의 표현이지만 말로 표현하는 대신 습관적으로 운다면 그건 권장할 일이 아니에요. 아이가 진짜 싫어하는 엄마는 아이를 방임하거나 무관심한 엄마입니다. 자신을 진짜 사랑하는 엄마는 아이도 알아보거든요.

시선을 맞추고 아이 중심의 언어로 얘기하자

누구든 자신이 좋아하는 사람의 말을 더 잘 듣게 되어 있어요. 어른들도 그러한데, 아이들은 오죽할까요.

아이가 어린이집이나 유치원에 가면 선생님의 말을 참 잘 들어요. 그 비법이 무엇일까요? 우리는 하나 키우기도 힘든데 유치원이나 어린이집 선생님들은 많은 애들을 어떻게 돌보는지, 참으로 신기할 뿐이죠.

선생님의 비법은 아이들에게 친절하게 말하는 것이에요. 아이들의 눈을 바라보면서 아이들이 알아듣는 용어와 어휘와 말투, 속도로 말하지요.

아이들에게 좋은 사람은 친절한 말과 말투를 쓰는 사람이에요. 아이가 잘못된 행동을 한다면 마음을 가다듬고 큰 소리를 치지 않으며 말하는 지혜가 필요해요. 아이가 반복해서 실수를 하면 "또 그런다"라고 비난하지 말고 다시 한번 처음 말하듯 얘기해주세요. 혼내는 느낌이 아니라 나쁜 행동을 고쳐나갈 수 있는 방향을 제시해주는 겁니다. "그러지 말랬지?"보다 "이렇게 하자"가 더 효과적이에요.

다른 사람이 있을 때는 꾸짖지 말고 조용한 곳으로 데리고 가서 말하세요. 아이도 자존심이 있고 체면이 있으니까요. 이렇게 아이의 기본 권리를 지켜주는 엄마가 좋은 엄마예요. '좋은 엄마'는 '좋은 사람'이고요.

'말 잘 듣는 아이'를 원하면 먼저 '아이가 원하는 좋은 엄마'가 되어주세요. 아이도 엄마 말을 듣고 싶어 할 거예요. 아이는 엄마를 너무나도 좋아하고 사랑하니까요.

"안 돼", "하지 마"라는 말이 필요할 때

아이에게 "안 돼", "하지 마"라고 말하면 안 된다고 생각하는 부모들이 많습니다. 아이에게는 가급적 긍정적인 단어를 사용해야 제대로 된 육아를 할 수 있다고들 믿는 것이죠. 그래서 아이가 어떤 잘못을 하든 "그렇게 하면 안 될 것 같은데, 어떻게 하면 좋을까?"처럼 청유형으로 말합니다. 그러나 청유형 대화를 하기엔 아직 아이가 어려요. 아직 아이는 스스로 반성하고 판단하는 힘이 부족하거든요.

아이를 키우다 보면 "안 돼", "하지 마"라는 말을 안 쓸 수가 없어요. 12개월이 지나면서는 "안 되는 것은 절대 안 돼"라고 반복해서 알려주어야 아이가 안전을 의식하며 건강하게 자라요. 이것은 생활 습관의 초석이 되기도 합니다.

그러면 "안 돼"라는 말은 어떻게 써야 좋을까요?

한두 살까지는 의사소통이 원활하지 않아서 간단하고 단호하게 표현을 해야 효과적으로 전달됩니다. 예를 들어 쓰레기통을 엎어놓거나 휴지를 입에 가져가는 아이에게는 "안 돼"라고 말하면서 고개를 가로저으며 그렇게 하지 말라고 강조합니다. 그러면 아이는 엄마의 얼굴 표정과 고개 젓는 행동을 보며 '입에 휴지를 가져가면 안 된다'는 사실을 인지할 거예요.

이어 아이에게 "휴지를 입에 가져가면 안 돼"라고 말하고 엎어진 쓰레기통에서 쏟아진 것들을 담아 제자리에 놓은 후 "쓰레기통 엎으면 안 돼. 지저분한 게 쏟아져" 하고 다시 반복해 말합니다. 이 상황을 단계별로 살펴보면 다음과 같습니다.

- 1단계 : 아이가 휴지를 입에 가져가는 것을 본 즉시 고개를 저으며 "안 돼"라고 말함으로써 지금 하는 행동은 해서는 안 되는 것임을 확실하게 인지시킵니다.
- 2단계 : 엎어진 쓰레기통을 바르게 놓음으로써 아이의 행동을 바로잡습니다.
- 3단계 : 쓰레기통을 엎는 것, 그 안의 휴지를 입에 가져가는 것을 왜 해서는 안 되는지 이유를 설명합니다.
- 4단계 : 앞으로 어떻게 행동해야 하는지를 알려줍니다.

이후 아이가 두세 살이 되면 말을 알아들을 수 있으니 무조건 "안

돼"라고 말하기보다는 해야 할 행동과 하지 말아야 할 행동의 기준을
이야기해주세요. 이런 과정을 거치면 아이도 행동의 결과를 추측하게
되어 차츰 위험하거나 바르지 못한 행동을 줄이게 될 거예요.

가장 좋은 방법은 "안 돼"라고 말할 상황을 줄이는 것입니다. 아이
가 그런 행동을 덜 할 수 있도록 주변 환경을 정리해주는 것이지요.

- **콘센트 구멍 막기** : 아이들은 구멍만 보면 끼우고 싶어 해요. 콘센
  트 구멍에 젓가락을 끼운다면 정말 위험해요. 콘센트 구멍은 안
  전 커버를 사용해 막아야 합니다.
- **휴지통은 아이의 행동 반경 이내에서 치우기** : 버릴 것들로 차 있는
  휴지통. 하지만 아이들은 휴지통을 엎거나 뒤지는 것을 재미있
  어 합니다. 온갖 것들이 다 들어 있어 아주 흥미롭거든요. 휴지
  통은 아이의 눈에 안 띄는 곳에 놓으세요. 다용도실이나 아이
  손이 닿지 않는 장소에 놓는 게 좋겠지요. .
- **가구나 모서리에 보호대 부착** : 요즘은 모서리에 부착할 만한 제품
  이 아주 다양하게 나와 있어요. 엄마가 만들어 부착한 집도 있
  는데 다양하고 예쁜 모서리 보호대로 아이의 안전을 지켜주고
  인테리어 효과까지 느껴보세요.
- **너무 작은 교구** : 아이들은 장난감을 너무 좋아하죠. 입으로 가져
  가기도 하고 심지어 콧구멍에 넣는 경우도 있어요. 목에 걸리

거나 콧구멍에 들어갈 정도로 작은 장난감이나 교구는 아이가 좀 더 큰 뒤에 사주세요.

호기심만큼 탐색 욕구도 강해 위험한 행동을 자주 하는 아이에게 안전한 환경을 선물해주세요. 그래야 아이가 안전한 환경에서 최대한 자신의 호기심을 시험해보고 환경을 탐색하며 창의성을 키워나갈 수 있어요.

난폭하고 공격적인 행동 바로잡기

 한 엄마가 심각하게 문의를 해왔습니다.

"아이가 포크질을 배우더니 아무것이나 포크로 찍으려고 해요. 그 모습이 귀엽기도 해서 어떤 때는 웃음도 나는데, 다칠까 봐 항상 걱정이에요. 며칠 전엔 밥에 들어 있는 콩을 포크로 찍으려고 여러 번 시도하더니 제 맘대로 안 되자 포크를 내던지는 거예요. 곁에 누가 없어 다행이지, 포크가 사람을 향해 날아갔다면 분명히 다쳤을 거예요. 그것만이 아니에요. 자기 마음에 안 들면 손에 들고 있던 물건을 던지는 버릇이 생겨서 고민이에요."

엄마들에겐 고민이겠지만, 그 이유를 알면 해결법을 쉽게 찾을 수 있으니 너무 걱정하지 마세요.

이 시기 아이들의 특성 중 하나가 제 맘대로 안 되면 던지는 것입니다. 화가 나면 어디서 저런 힘이 나올까 싶을 정도로 힘차게 집어

던집니다. 아이가 이런 행동을 하는 이유는 전지전능하다고 믿어온 자신의 능력에 한계를 느끼기 때문이에요. 그동안 자신이 원하면 엄마가 대신 해준 것을 아이는 자신의 뜻대로 다 이루었다고 생각해요. 그런데 스스로의 힘으로 걷고 뛰다 보니 우월감을 느껴야 하는 단계에서 능력의 한계를 느낍니다. 걷고, 뛰고, 할 말도 어느 정도 표현할 줄 알게 되었는데 자신이 못 하는 일이 너무 많고 뜻대로 안 되는 일도 생기자 그 답답함을 순간적으로 집어던지는 행동으로 표현하는 것이지요. 던지는 것이 재미있어서 반복하는 경우도 있어요.

아이가 난폭하게 물건을 집어 던질 땐 어떻게 해야 할까요? 포크로 밥 속의 콩을 집다가 잘 안 되자 포크를 집어던진 아이의 예를 통해 알아볼게요.

포크질을 배운 아이는 포크질이 재미있어요. 콕 집으면 무엇이든 집히는 게 신나거든요. 그런데 밥 속의 콩은 잘 집어지지 않아 약이 오를 대로 올라서 포크를 휙 던져버린 건데 엄마가 놀라며 큰 소리로 혼을 내요.

"포크를 왜 던져, 위험하게!"

그러면 아이는 '엄마는 왜 만날 나만 혼내는 거지?' 하는 생각을 할 수 있어요. 하지만 이 시기의 공격성, 그중에서 집어 던지는 행동은 위험하기도 하고 공격적인 성향으로 굳어질 가능성이 높으므로 이해만 하고 넘어가선 안 돼요. 아이의 행동을 바로잡아주려면 아이

의 발달 과정을 이해하면서 아이의 마음을 헤아리는 질문을 하는 것
이 좋아요.

"포크가 맘에 안 들어?"

"응."

"왜 맘에 안 들어?"

"미워, 콩."

"그래? 포크로 콩을 집으려고 했는데 안 집어져서 미워?"

[아이의 마음을 헤아리며 대화를 하다가]

"그런데 포크를 집어던지면 위험해. 바닥도 아야 하고. 어떻게 해
야 할까?"

"······."

"그럴래? 포크를 집어와서 엄마랑 콩 집기 연습 해볼까?"

[아이가 포크를 집어오면 엄마랑 콩 집기 연습을 합니다.]

아이의 주변 환경도 잘 살펴야 합니다. 공격적인 모습을 보고 배우
는 건 아닌지, TV 소리가 크거나 불필요한 소음이 많은 경우에도 아
이의 과격한 행동이 심해질 수 있어요.

의도적인 행동은 엄격하게, 우연한 실수는 관대하게

24개월 전후 무렵이면 아이들은 의도적인 행동과 우연한 실수를 구분하고, 하면 안 되는 일과 절대 해선 안 되는 일을 이해할 수 있습니다. 이것이 부모가 세 살 버릇에 대해 관심을 가져야 하는 이유죠.

한마디로 의도적인 행동은 엄격하게, 우연한 실수는 관대하게 대응해야 올바른 판단에도 도움이 됩니다. 예를 들어 아이가 실수로 물을 쏟았을 때 "실수로 쏟은 거구나" 하고 부드럽게 말하고 아이와 함께 쏟아진 물을 닦아내면 아이는 실수를 통해 물을 쏟지 않는 방법을 배우고 엄마에 대한 신뢰를 다지게 됩니다. "다음에는 조심하자"라는 말은 사족이에요. 아이는 이미 실수를 깨달았고, 자신을 믿고 도와주는 엄마를 통해 모든 걸 배웠거든요.

이럴 때 "엄마, 미안" 하고 말하는 아이가 있어요. 엄마를 유독 좋아해서 엄마를 실망시킬까 봐 걱정하거나 성격이 예민한 아이일 수 있어요. 그런 아이들에게는 오히려 위로가 필요해요. "괜찮아. 실수였잖아"라고 토닥여 안심시키는 게 좋습니다.

다만, 잘못을 반복하는 말썽꾸러기라도 "왜 또 말썽이야. 지난번에 엄마가 그러지 말랬지?" 하며 지난번의 잘못과 지금의 실수를 뭉뚱

그려 꾸중하면 아이에게 혼돈만 주므로 지금의 잘못만 정확하게 짚
어주어야 효과가 있습니다.

배변 훈련은 천천히

아이마다 새로운 정보를 받아들이는 속도가 달라요. 엄마들은 무엇이든 빠르게 습득하는 아이를 보면 우리 아이가 늦어지는 것 같아서 초조하죠. 배변 훈련도 그중 하나예요.

생후 16~18개월에 배변 훈련을 시작하는 어떤 아이들은 그 훈련을 심하게 거부해서 변기 근처에만 가면 기절할 듯 울지요. 엄마는 다른 아이들보다 뒤처지는 게 싫고, 또 어린이집에 보내야 한다는 생각과 혹시 학습력에 문제가 있는 건 아닌지 걱정이 되어 빨리 변기를 사용하기를 바라지만 엄마 마음대로 안 되는 게 자식 일이니 답답할 뿐입니다.

결론적으로 말하면 기저귀를 일찍 떼는 것과 늦게 떼는 것은 지능과 무관해요. 자율신경계(항문 조절)가 조금 일찍 발달한 것이지, 인지 발달과 직결된 것은 아니거든요. 소아과 의사인 스포크 박사의 말을 빌면 '배변 훈련에서 가장 중요한 건 부모의 인내심'이라고 합니다. 월령에 매달려 아이에게 배변 훈련을 억지로 시키면 오히려 기저귀 떼는 시기가 늦어질 수 있어요.

일반적으로 18개월에서 36개월 정도면 자율신경계는 항문 조절과 방광 조절을 시작합니다. 그러므로 16~18개월에는 배변 훈련이 가능하다는 얘기이지, '기저귀를 떼야 한다'는 것은 아닙니다. 어떤 엄마들은 아이가 15개월이나 16개월이 되면 변기에 앉아 대변보는 것이 당연하다고 생각하는데 '~해야 한다'는 원칙을 아이에게 적용하는 것보다 변기에 앉고 싶지 않은 아이의 마음을 이해하는 게 먼저예요. 엄마가 윽박질러서 억지로 변기에 앉았다 해도 경직된 아이의 몸은 대변을 항문 밖으로 밀어내지 못하거든요.

어린이집에 보내는 등 아이에게 꼭 배변 훈련을 시켜야 하는 경우라면 배변에 관련된 동화를 들려주세요. 아이가 배변을 할 때 배설과 관련된 의성어와 의태어를 동원해 옆에서 응원해주는 것도 도움이 돼요.

"응가. 으응가. 쑤욱쑤욱. 응가. 끄응. 쑤욱."

힘주는 동작도 같이 해주고, 만약 아이가 변기에 똥 누기를 성공했다면 손뼉쳐주며 듬뿍 칭찬해주세요. 똥을 보여주며 "이쁜 똥이 나왔네" 하며 똥 예찬을 잠시 해주고 "어디 우리 아기 배 좀 만져보자. 응가하니까 배가 쏙 들어갔네", "똥 누니까 시원해?", "배가 편안해?"

하며 배설 후의 느낌을 표현해주는 것도 도움이 됩니다.

변기는 일정한 장소에 두고, 그 장소는 아이가 앉았을 때 무섭거나 싫은 곳이면 안돼요. 화장실에 두는 경우 문을 닫거나 혼자 두지 마세요. 변기에 앉힐 때는 앉는 부분이 차갑지 않도록 하는 것이 좋아요.

아이로 하여금 배변 훈련을 통해 성취감을 느끼게 하려면 너무 서두르지 말고 두 돌쯤에 시작해도 괜찮아요.

아내의 양육 스트레스, 이렇게 풀어주세요

● 함께 산책하고 여행을 해요

금쪽같이 귀하고 예쁜 아이라 해도 하루 종일 씨름하다 보면 어떤 엄마든 지치고 힘들어요. 아빠가 옆에서 육아를 도와주더라도 짧은 시간 동안 도움을 줄 뿐이지 주양육자는 역시 엄마죠. 그러니 아빠인 나도 모르게 우울감을 느낄 아내를 위해 조금만 애써주세요. 가장 좋은 방법은 아내와 함께 손잡고 산책을 하거나, 단지 내 공원 혹은 집 앞의 놀이터라도 함께 가서 이런 이야기 저런 이야기를 나눠보세요. 남편과 함께한다는 이유만으로도 아내는 위로를 받고 기분 좋은 에너지를 다시 얻을 거예요. 이때 꼭 손잡고 다녀야 한다는 걸 잊지 마세요. 그리고 자주 마음을 표현하세요. "사랑해요, 고마워요"라고요.

여건이 허락한다면, 아내와 둘만의 여행도 계획해보세요. 아이는 주변 어르신들에게 맡기고요. 가벼운 나들이도 괜찮고, 1박 2일이면 더 좋겠죠.

● 주말엔 아내가 늦잠을 자도록 배려해주세요

주말 아침, 카페에 아이와 아빠가 오는 경우를 종종 봅니다. 엄마는 어디에 있는지를 물으니 "주말 하루라도 아내가 아침에 늦잠을 자도록 아이와 함께 외출을 하는 것"이라고 하더군요. 그 이야기를 듣고 감동했습니다.

아이가 어리면 유모차에 태우고 산책을 해보세요. 아이와 함께 브런치를 먹는 것도 즐거운 일이에요. 공원에 앉아 책을 읽어주는 것은 어떨까요? 아이도 아빠와 함께하는 시간이 참으로 즐거울 거예요. 그렇게 시간을 보내고 집으로 돌아가면 재충전한 아내가 미소를 되찾고 행복한 표정으로 맞아하겠지요.

아빠의 사랑은 온 가정에 활력을 불어넣어줄 거예요.

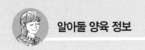

생후 13~24개월

● 이 시기의 아이들은 욕구를 참지 못하며, 자기 것을 나누려고 하지 않고, 다른 사람을 보고 따라 하는 특성이 있어요. 그래서 부모가 롤모델이 되어 모범을 보여주고 가르치기 시작해야 합니다. 아이가 스스로 타인과 나누는 것은 어렵지만 부모의 행동을 보고 영향을 받으므로 "나눠 먹자. 시은이도 한 개, 태후도 한 개, 지영이도 한 개" 하며 모범을 보입니다. 하지만 아직 나눔의 의미를 모르므로 아이의 것을 강제로 빼앗아 다른 아이에게 주는 것은 바람직하지 않아요.

● 해도 되는 것과 해선 안 되는 것을 구분해 행동 지침을 바로 세워주세요. 이때는 해도 되는 이유, 해서는 안 되는 이유를 친절하게 설명해주어 아이가 이해하도록 합니다. 부모에 대한 신뢰감이 생기면서 지시에 잘 따르고 아이 스스로 안전한 것을 추구하려는 마음이 생깁니다. 만약 설명 없이 무조건 지시만 하면 반항심이 생겨요. 하지만 논리적인 긴 설명보다 핵심을 짧게 전하세요.

● 자신의 감정을 인식하거나 표현하는 능력은 아직 미숙해요. 그럴 땐 아이의 감정을 엄마가 대신 표현해주면 감정 표현에 도움이 됩니다. 아직 서툴지만 어렴풋이 다른 사람의 감정을 느끼고 위로할 줄도 알게 됩니다.

● 친구와 노는 것을 좋아하는 시기이지만 아직 서로 나눠 가지거나 활발한 상호작용은 하지 않고 친구와 같이 있어도 독립적으로 행동하는 패턴이 나타나요.

● 24개월 무렵이면 자신의 감정을 인지는 하지만 말로 표현하는 것은 서툴러 화가 나면 물건을 던지거나 친구를 할퀴고 때리거나 엄마를 밀치는 행동으로 감정을 표현합니다. 이때 "왜 못된 행동을 하느냐"고 다그치기보다는 아이의 감정을 읽어주는 게 먼저입니다. 아이의 (화난) 감정에 대해 부모가 알아차리고 "화났구나"라고 아이의 감정을 읽어주면 아이도 자신의 감정을 인지하고 '표현 방법'에 대해서도 서서히 알아갑니다. 배려를 받은 아이가 타인의 감정도 배려할 줄 알지요. 이런 상호작용의 경험이 쌓이면 타인의 감정도 쉽게 알아차리고 세련된 방법으로 반응할 수 있게 되어 물건을 나눠 쓰거나 도와주거나 위로하는 등의 이타적 행동도 하게 됩니다.

● '양보'는 섣부르게 강요하지 않는 게 좋습니다. 양보도 아이 스스로 할 수 있도록 기회를 주어야 합니다. 이 시기는 다른 아이의 장난감을 자주 뺏기도 하고 맘에 들지 않거나 뜻대로 되지 않을 때는 때리기도 합니다. 이때마다 혼내고 큰 소리 치는 건 과도한 훈육입니다. 주눅이 들어 눈치를 살피거나 공격적 성향을 보일 수 있고, 무조건 양보하거나 자신을 제대로 방어하지 못하는 아이로 자랄 수 있습니다.

● 말이 늦을 수도 있어요. 두세 단어를 사용하기도 하지만 겨우 한 단어만 사용할 수도 있지요. 하지만 말을 알아듣는다면 괜찮아요. 이런 경우엔 긴 말보다 짧은 문장으로 말하고, 말이 늦은 아이에게 "왜?"라는 질문을 하는 건 삼가하세요. 의미 없어요.

PART 4

'미운 세 살' 아이와
사이좋게 지내기

생후 25~36개월

생후 25~36개월

'엄마', '아빠', '까까' 하며 말을 시작했을 땐 놀랍고 기뻐서 어쩔 줄 몰랐는데 이젠 자기주장이 강해지고 '안 해', '싫어'를 입에 달고 사는 아이. 태어난 지 이제 만 두 돌이 넘어 이제 세 살. 많이 컸지만 그래도 아직은 어린 아이인 아이와 많이 싸우게 되는 미운 세 살 시기입니다. 번번이 엄마 말에 저항하고 제멋대로 행동하는 아이가 밉고, 그런 상황 때문에 매일이 힘들고 지치겠지만, 한편으로는 엄마와 말싸움을 할 만큼 잘 자라준 아이가 대견합니다. 이 시기에 엄마 아빠는 아이의 습관을 잡아주고 아이의 마음을 충분히 헤아리고 받아주면서 지속적으로 애착을 단단히 다져야 합니다. 시간이 지나면 되돌리지 못해요. 아이가 훌쩍 자라 부모 품보다 더 큰 세상으로 나아가기 전에 천일의 기적을 즐겨보세요.

쑥쑥 자란 아이와 함께
또 다른 시작

두 돌을 넘긴 아이를 둔 엄마들의 얘기를 듣다 보면 겉으로는 육아의 어려움을 호소하는 것 같은데 속내는 온통 아이 자랑입니다. '우리 아이가 말을 잘한다', '자기 생각을 말할 줄도 안다', '엄마와 말 상대가 될 정도로 쑥쑥 컸다' 등 자랑이 끝이 없습니다.

축하드립니다!

아이에 대해 할 말이 많다는 것은 그만큼 아이가 잘 컸다는 증거이며, 엄마 아빠 역할을 잘하고 있다는 얘기지요. 이제부터는 또 다른 방식의 육아를 하게 되겠지만, 그만큼 보람도 클 테니 이 또한 축하드려요.

아이 눈에 엄마는
뭐든 할 수 있는 만능인

초보 엄마와 초보 자녀가 만나 시행착오를 겪으며 가족이 되는 과정이 육아입니다. 아이를 키우는 게 다 똑같아 보여도 아이마다 특성이 달라 첫아이를 키우는 것도 처음이고 둘째 아이를 키우는 것도 처음인 듯 새롭죠. 아이도 마찬가지예요. 태어나 처음 만나는 세상이라 낯설기만 합니다.

엄마에게 의지하며 잡은 손을 놓지 않던 아이가 두 돌이 지나면서 예쁜 짓을 하는 만큼 어긋나게 행동하는 일도 많아요. 왜 그럴까요?

아이의 입장에서 이 시기는 세상으로 거침없이 나아가고 싶어지는 때예요. 그런데 정신을 차리고 보니 자신의 일거수일투족이 엄마에게 달려 있어 맘대로 뜻대로 할 수 있는 게 없어요. 그러니 뭐든 척척 해내는 엄마를 향해 요구도 하고 생떼도 부려보는 것이지요. 엄마는 황당할 거예요. 아이가 말을 하기 시작하고 걸을 수 있게 되더니 도대체 말을 안 듣거든요. 하지 말아야 할 것만 골라서 하려고 드는 것 같죠.

아이의 마음을 대신 표현해보자면, 아이는 생떼를 부린다기보다는 만능인 엄마에게 '요청'을 하는 거예요. 아이가 볼 때 엄마는 뭐든 할 수 있는 사람이고, 자신이 할 수 없는 모든 것을 엄마가 할 수 있다고 믿거든요.

예를 들어볼까요?

아이와 마트에 갔습니다. 눈이 휘둥그레질 정도로 신기한 물건들로 가득하죠. 엄마는 이 물건들을 마음대로 카트에 담습니다. 만능! 그리고 그것들을 당당히 집으로 가져옵니다. 만능! 우리 엄마는 내가 할 수 없는 이 밖의 많은 것들도 다 합니다.

아이가 장난감을 봤습니다. 갖고 싶어서 만능인 엄마에게 요청합니다.

"저거 사줘."

엄마는 "안 돼"라고 말하지만 아이는 이해할 수 없습니다.

'엄마가 할 수 있는 일인데 안 된다니, 말도 안 돼!'

그래서 자신의 욕구를 좀 더 강하게 표현합니다. 울기, 소리 지르기, 징징거리기, 바닥에 드러눕기 등 할 수 있는 모든 방법을 써봅니다. 알고 보면 엄마가 만능은 아닌데 말이죠.

이럴 땐 마음을 단단히 먹어야 합니다. "네가 그렇게 떼를 써도 안 되는 건 안 돼"라고 인식시켜주어야 합니다. 아이가 마트 바닥에 누워서 우는 모습이 안타깝거나 창피하다는 이유로 아이의 요구를 들어주면 아이는 다음에도 같은 방법을 쓰게 될 거예요.

'훈육'과 '바른 습관 지도'를 본격적으로 해야 할 시기에 돌입했습니다. 규칙과 절제, 약속 지키기도 가르쳐야 합니다. 사회생활을 시작해야 하는 내 아이가 씩씩하고 당당하게 친구와 사귀고 어른이 되어 즐겁게 사회생활을 하려면 약속을 지키는 아이로 키워야 하니까요.

금지옥엽 내 아이이지만 안 되는 것은 안 된다고 하면서 아이와의 한 판 대결을 준비해야 합니다. 단순히 금지하고, 꾸중하고, 야단치고, 혼내는 것과는 다른 방법으로요.

아이가 떼를 부릴수록
차분히 대응하기

길바닥에 드러눕기, 침 뱉기, 머리 찧기로 엄마를 당황시키는 아이들이 많습니다. 마음을 조절하는 능력이 미숙해서 자기가 하고 싶은 일을 금지당하면 떼쓰거나 공격적인 행동으로 관철시키려는 것입니다. 아이가 떼를 부릴 때는 엄마가 아무리 큰 소리로 옳은 말을 해도 귀에 들어오지 않아요. 그러니 아이의 감정이 잦아들 때를 기다렸다가 아이의 어깨를 잡고 얼굴을 바로 보며 조용히 말합니다.

그런데 아이를 진정시키려다가 뜻대로 안 되면 엄마가 더 감정이 복받칠 수 있어요. 엄마가 먼저 마음속으로 숫자를 헤아리거나 심호흡을 해서 감정 조절을 해야 합니다. 정말 쉽지 않아요. 하지만 지도해야 할 엄마가 이성적이지 않으면 엄마와 아이 모두 힘들기만 하고 오히려 관계가 나빠질 수 있어요. 후회는 엄마 몫으로 남아 오래도록 아프죠.

가장 좋은 방법은 혼내고 야단치기 전에 아이의 마음을 충분히 받아주는 것입니다. 메아리 반응을 하면 됩니다.

예를 들어 아이가 머리를 바닥에 찧을 땐 방석을 대주고, 다 찧은 후 눈물콧물 범벅이 된 채 엄마 품을 파고들면 조용히 닦아주고 몇 번 다독인 후에 이렇게 말합니다.

엄마 : "왜 그런 거야?"

아이 : "엄마 미워."

엄마 : "왜 엄마가 미워?"

아이 : "엄마가 내 말 안 들어줬어."

엄마 : "엄마가 네 말을 안 들어줘서 미웠어?"

이렇게 이야기를 나누다 보면 아이의 마음이 진정되고 아이는 떼 부리는 것이 잘못된 행동, 안 되는 행동이었다는 걸 깨닫습니다.

아이가 떼를 부리면 엄마도 화나고 이성을 잃을 수도 있지만 이때 야말로 엄마가 차분히 대응해야 합니다. 아이의 떼 부리기에 엄마마저 화난 감정으로 맞대응하면 백전백패입니다.

중요한 것은 큰 소리로 제압하지 말고 아이 감정을 알아준 다음에 엄마 마음을 표현하고 왜 그랬는지 물어보는 거예요.

"네가 그렇게 머리를 찧으니까 엄마 마음이 아파." ('나 중심 대화'로 엄마의 마음을 알리기)

왜 그렇게 바닥에 드러누웠어?" (왜 그런 행동을 했는지 이유를 들어보기)

엄마가 왜 안 해주었을까?" (엄마가 왜 안 된다고 했는지 이야기 나누기)

앞으로 어떻게 하면 좋을까?" (앞으로 어떻게 하면 좋을지 이야기 나누기)

아이가 떼를 쓰는 횟수가 잦다면 아이의 행동을 고치려는 데 초점을 두지 말고 엄마와의 관계를 먼저 돌아보고 평소에 아이와의 애착에 신경 써야 합니다. 엄마와 관계가 좋으면 아이의 양심이 가동되어 '(사랑하는) 엄마가 내가 이렇게 행동하는 것을 싫어하는구나. 내가 바닥에 뒹굴면 엄마 마음이 슬프구나' 하고 깨닫고 차차 떼 부리기를 줄이려 노력할 거예요.

"안 해", "싫어"는 아이가
똑똑해지고 있다는 신호

아이가 "안 해", "싫어"와 같은 부정어를 자주 사용한다고 걱정하는 부모들이 있어요. 그런데 오히려 기뻐해야 할 일입니다. 부정어를 사용한다는 것은 사고와 인지가 발달하고 있다는 신호이기 때문이에요. 특히 '하기 싫다'는 표현은 하고 싶은 것과 하기 싫은 것을 구분한다는 의미이며, 엄마가 하라고 했지만 자신은 그럴 생각이 없다는 의지의 표현입니다. 아이가 부정어를 사용하기 시작했다면 '우리 아이가 많이 컸네' 하며 흐뭇해하셔도 좋습니다.

하지만 엄마 입장에서는 아이가 부정어를 빈번하게 사용하는 걸 마냥 좋게만 볼 수는 없지요. 밥 먹자고 하면 "싫어, 안 먹어", 양치하자고 해도 "싫어, 안 해", 목욕하자고 해도 "싫어, 목욕 안 해"라고 대답합니다. 엄마의 반응이 재미있어 그럴 수도 있지만, 꼭 해야 할 일인데 습관적으로 부정어를 써가며 거부를 한다면 제대로 설득시켜서 행동하도록 도와주어야 합니다.

예를 들어 "다 놀았으니까 정리할까?"라고 말했을 때 "싫어, 안 해"라고 대답한다면 아이를 바라보며 "왜 싫은지 말해줘"라고 묻습니다. 아이가 "정리 싫어"라고 대답하면 다시 시도합니다.

"정리를 하기 싫구나."

"응."

"그래. 정리하는 거 쉽지 않아. 하지만 정리를 해야 하거든. 어떻게 하면 좋을까?" 또는 "그래. 아직 우리 세연이는 어리니까 도움이 필요하다는 생각이 들어. 엄마가 얼마나 도와줄까?"

이때 신경 써야 할 점은 아이의 생각을 정리해주면서 엄마가 아이의 마음을 이해하고 있고 아이의 감정을 공감하고 있음을 표현하는 것입니다. 그러면서 정리를 안 하려는 아이의 생각이나 태도는 바로 잡아주어야 합니다. 해야 할 일을 하는 것은 생활습관 들이기와 사회성에서 주목할 일이니까요.

아이가 고집이 세지는 이유

"'내가 할 거야'는 고집도 아니에요. 우리 애는 동생이 자기 물건을 조금이라도 만지면 던지고 난리가 나요. 아이가 치킨을 좋아 해서 삼계탕을 주며 치킨 먹자고 했더니 '치킨 아냐' 하면서 제 손을 치는 바람에 삼계탕을 엎을 뻔 했다니까요."

아이는 왜 제 물건을 만지면 화를 내고, 삼계탕(닭고기)이 치킨(닭고 기)이 아니라며 고집을 부렸을까요?

이 시기에 보이는 고집은 떼 쓰기와는 달라요. 규칙성을 인식하기 시작했기 때문이지요.

이 시기의 아이들은 나름의 예측성과 규칙성을 터득해요. 이를테 면 아이가 말하는 치킨은 아마도 닭튀김류일 거예요. 물에 삶은 닭고 기(삼계탕 등)는 아이의 입장에서는 아직 이해가 안 되는 범위에 있기 때문에 치킨이 아니라고 한 건데, 엄마 눈에는 '고집 부리는 것'으로 비쳐집니다. 그럴 때 "이게 왜 치킨이 아니야, 닭이잖아. 치! 킨!" 하며 아이를 윽박지르면 세 살 아이의 인지 수준으로는 오히려 엄마가 고집을 부리는 것으로 인식됩니다. "이건 삼계탕인데, 닭고기를 물에 삶아 요리한 거야"라고 설명하는 게 엄마다워요.

고집을 부리는 또 다른 이유는 감정 조절이 어려워서예요. 자신이 생각한 예측이나 규칙에서 벗어나면 불안해서 집착이나 고집 부리기로 나타나는 거죠. 이 현상을 '억지 부린다, 고집 부린다. 미운 세 살이라더니…'가 아니라 아이 입장에서 이해해주면 아이는 융통성을 배우고 '대체 가능'의 의미도 배우게 됩니다.

자신의 물건에 지나치게 애착을 가진다든가 그 물건을 누구도 못 만지게 하는 등의 고집이 나타나면 '고집이 세다'라고 부정적으로 평가할 것이 아니라 자연스런 현상으로 이해해야 아이가 존중받는다고 느끼고 건강하게 성장합니다.

집착과 고집의 대표 증상으로 '블랭킷 증후군'이 있어요. 자신이 좋아하는 물건에 집착하며 그것이 없으면 심하게 울고 세탁을 하려 해도 못 하게 고집을 부리는 증상을 말해요. 만화 〈스누피〉에서 주인공 라이너스가 담요Blanket가 없으면 불안해하는 증상에서 따온 용어로 이불, 장난감 등 자신이 좋아하는 물건이 안 보이면 안절부절 못하죠. 이 행동은 2~3세부터 형성되어 성인기까지 지속될 수 있어요.

아이가 유난히 애착을 보이는 인형이나 담요가 있다면 세탁할 때 아이에게 반드시 양해를 구하세요.

"우리 지후가 좋아하는 인형이네. 깨끗이 세탁하면 더 예뻐질 것
같은데, 세탁해도 될까?"

정리정돈 습관은 놀이하듯 작은 것부터

장난감을 가지고 신나게 놀고 난 뒤에 주변을 정리해주면 좋으련만, 대부분의 아이들이 그렇게 하지 못해요. 사실 36개월 이전의 아이에게 정리정돈은 쉽지 않은 일입니다. 하지만 장난감을 제 자리에 가져다놓는 일 정도는 할 수 있어요. 여러 개를 한꺼번에 옮기는 것보다는 손으로 잡을 수 있는 크기의 장난감을 제 자리에 가져다놓는 정도니까요.

아이가 자연스럽게 정리정돈 습관을 익히는 방법은 정리정돈이 힘든 일이 아니라 즐거운 놀이임을 인식하게 해주는 거예요.

"5분 후(시계바늘 가리키며)에 정리할 거야."
"엄마가 자동차 정리할게, 주연이는 인형 정리할까? 누가 먼저 정리하는지 게임하자."

"열을 셀 때까지 누가 더 많이 정리하나 볼까?"

이렇게 놀이하듯 정리하기를 제안하면 아이가 어렵지 않게 받아들일 수 있어요.

엄마가 많은 부분을 도와주고 일정 부분만 아이가 정리하도록 두는 것도 효과가 있어요. 처음에는 아이가 정리할 것을 자동차 몇 대, 블록 한 줌 정도로 제한해 정리에 대한 부담을 느끼지 않도록 하다가 정리할 양을 점차 늘려가는 것이죠.

장난감 분류함을 마련해주는 것도 좋습니다. 블록은 블록끼리, 자동차는 자동차끼리 모아놓도록 한다면 분류 능력도 기를 수 있어요. 아이가 정리를 하면 손뼉을 치면서 과하다 싶을 만큼 칭찬해주세요.

"어제보다 정리를 더 빨리 하는구나. 짝짝!"

정리정돈 습관은 '치운다'는 것 이상으로 중요합니다. 정리정돈 습관 하나로 아이는 내가 가지고 논 것은 내가 정리한다는 책임감, 친구들과 함께 정리하는 협동심, 귀찮은 일도 참고 해내는 인내와 절제력, 스스로 해내는 독립심 등 마음과 인성을 쑥쑥 키울 수 있거든요.

그러니 아이가 장난감을 정리하고 있으면 "우와! 우리 수민이가 장난감을 정리하고 있구나. 엄마는 감격했어"라고 격려를 해주고, 다

마쳤을 때는 정리된 주변을 둘러보며 정리 솜씨가 놀랍다는 듯 칭찬을 아끼지 마세요.

"와아, 거실 좀 봐. 정리 대장 수민이 덕분에 거실이 깨끗해졌네. 엄마 기분도 정말 상쾌해."

엄마의 인정을 듬뿍 받은 아이는 자신감과 책임감이 쑥쑥 올라가 뭐든 스스로 하려고 나설 거예요.

잠자는 습관, 식사 습관도
놀이로 접근하자

 "안 자면 어떻게 해! 그러다 아침에 늦잠 자려고 그러지?"

"그렇게 천천히 먹으면 언제 먹으려고 그러니?"

활동량은 늘어나는데 밤에 잠자기 싫어하고, 먹기는 다 먹으면서 식사 시간이 지나치게 긴 아이들이 있습니다. '아직 어리니까'라고 봐 주자니 습관으로 굳어질까 걱정이 되고 부모의 생활에도 영향을 주 니 바로잡아야 합니다. 이때도 게임하듯 놀이하듯 접근하면 효과가 있어요.

"누가 먼저 자나 내기 할까?"

이기고 지는 내기를 하는 건 아이에게 도파민의 분비를 증가시켜 기분을 좋게 하고 민첩하게 행동하도록 하지요. 하기 싫었던 일을

'하고 싶다'는 의욕으로 바꾸어놓기도 합니다.

그러니 빨리 자라고 재촉하는 대신 "엄마랑 우리 지민이랑 누가 먼저 잠드나 내기 할까?" 하고 눈을 감고 기다려보세요. 빨리 먹으라고 다그치는 대신 "엄마랑 수연이랑 누가 꼭꼭 씹어 먹나 내기 할까?" 하면 입에 밥과 반찬을 물고 있던 아이도 엄마가 꼭꼭 씹어 삼키는 걸 지켜보고만 있지 않습니다. 자신도 열심히 씹어 삼키겠지요. 자연히 먹는 속도가 보통 아이들과 비슷해집니다.

시계를 활용하는 것도 좋아요.

"우리, 큰 바늘이 5에 올 때까지 밥 다 먹을까?"

이때 엄마는 져주는 미덕을 발휘해야 합니다. 자신이 이겨야 아이가 성취감과 우월감으로 으쓱해서 자신감이 커지고 다음에도 즐겁게 게임에 응할 거예요.

편식을 하는 아이에게는 이런 제안을 해도 좋겠습니다.

"엄마는 멸치 다섯 개. 우리 주아는 멸치 몇 개? 아, 두 개?"

음식을 거부하고 편식한다면 다양한 시도를 하자

어느 방송에서 편식에 관한 영상을 봤습니다. 아직도 기억에 남는 건 어린이집에서 본 한 아이입니다. 그 아이는 화장실에 간다고 선생님께 허락을 받더니 화장실로 갔습니다. 그리고 변기에 무언가를 뱉고 물을 내렸어요. 아이가 변기에 뱉은 건 채소 반찬이었어요.

음식을 골고루 잘 먹게 하는 것은 두세 살 자녀를 둔 엄마의 사명입니다. 편식을 예방하고 음식을 맛있게 먹는 습관을 들이는 것은 영유아기에 하면 좋거든요. 이 시기에 먹는 음식은 아이의 건강이나 신체 발달로 이어지는 것은 물론, 어린이집이나 유치원 생활에 적응하는 것과도 밀접한 관련이 있기 때문에 관심을 기울여야 하지요.

아이의 건강한 식습관을 위해서는 온 가족이 행복한 식사 자리를 갖는 것이 좋습니다. 함께 식사할 때도 아이에게 지나치게 관심을 갖지 말고 각자의 자리에서 음식을 먹으며 서툴더라도 아이 스스로 먹게 합니다.

잘 먹지 않는 아이일수록 부모님의 조바심은 커집니다. '안 먹으면 그냥 둬라. 배고프면 먹는다'라는 어르신들의 조언도 있지만 이 말을 따르기는 쉽지 않습니다. 안쓰럽기도 하거니와, 아이 성장에 안 좋을까 봐 걱정이 앞서기 때문이지요. 아이가 스스로 먹는 것을 지켜보고 기다려주어야 합니다.

아이가 결정하고 주도하는 식사 방법이 효과적이에요. 엄마가 알아서 다 차려놓고 앉기만 하라는 식사법 대신 밥그릇에 담을 밥 양부터 아이가 결정하게 하는 거예요.

"얼마만큼 먹을까? 세 숟가락. 다섯 숟가락?"

그리고 아이가 대답한 만큼만 먹이세요. 더 먹이려고 씨름하다 보면 오히려 아이는 식사를 하기 싫은 일, 억지로 해야 하는 일로 규정해버릴 수도 있어요. 적은 양이라도 바르게 앉아 꼭꼭 씹어 먹게 하면 따라다니면서 많은 양을 먹이는 것보다 훨씬 효과적입니다.

좀 더 먹게 하고 싶다면 세 숟가락을 조금 크게 떠주면서 "세 숟가락은 좀 적은 것 같지만 우리 은지가 세 숟가락만 먹고 싶다니까 세 숟가락 줄게. 꼭꼭 씹어 먹자" 하며 돌아다니지 않고 정해진 장소에서 먹게 하세요.

먹기 싫어하는 걸 억지로 먹여서 거부감이 생기면 역효과만 납니다. 꼭 채소를 먹이고 싶다면 채소 무침보다는 아이가 좋아하는 요리에 채소를 넣어보세요. 부침을 좋아한다면 오징어와 채소 등을 갈아 부침을 만들어주거나, 함께 채소를 다듬으며 재료와 친해지게 하는 방법도 있어요. 새로운 음식과 친해지기 위해서는 억지

와 강요가 아니라 다양하고 즐거운 경험을 자주 하는 것이 도움이
됩니다.

식사량이 너무 적거나 자꾸 안 먹으려고 하면 평소 간식을 많이 먹
는 건 아닌지 확인해보세요. 간식을 많이 먹으면 배가 고프지 않아서
식사를 하지 않는 경우가 꽤 있거든요.

잠자기 전엔 TV를 끄고
책놀이를 하자

잠자기 전에 동영상을 본다든가 스마트폰을 보면 잠을 푹 자는 데
방해가 된다고 합니다. 가뜩이나 잠들기 어려운 아이라면 잠자기 전
에 TV 시청이나 활동적인 놀이를 하는 것은 자제해야 합니다. 그 대
신 잠자리에서 엄마와 나지막하게 대화를 하거나 책을 읽으면 마음
이 안정되면서 잠을 푹 잘 수 있습니다.

엄마가 피곤한 날은 아이와 함께 누워서 아이의 얘기를 들어주는
것도 좋아요. 몸이 축 가라앉는 날, 피곤이 겹겹이 쌓여 입 열기도 힘
든 날이 있어요. 그럴 땐 "엄마한테 재밌는 얘기를 해줄래?" 하면 아
이가 그동안 들은 동화 이야기, 꾸며낸 이야기라도 열심히 들려줄 거
예요. 아이의 얘기를 들으면서는 "음~", "와!", "그랬구나" 하는 반

응만 보여도 아이는 즐겁습니다.

　만약 잠자기 전 베드타임 독서가 중요하다고 생각해서 피곤함을 무릅쓰고 읽어주다 보면 엄마의 일상에도 지장을 주고, 재미있다면서 자꾸 책을 가져오는 아이가 야속할 수도 있어요. 피곤하지만 꼭 아이에게 책을 읽어주고 싶다면 엄마의 컨디션을 고려하면서 미리 아이와 즐거운 협상을 하세요. 책을 여러 권 가져오는 아이에게 "그걸 언제 읽어 줘." 하지 말고 이렇게 말하세요.

"세 권 읽어줄까? 한 권 읽어줄까?"

　아이는 책도 좋지만 엄마 품에 안기는게 더 좋아 자꾸만 읽어달라는 거예요. 낮 시간에 아이에게 책을 읽어준다면 무릎에 앉히거나 꼭 안고 읽어주면 따뜻한 느낌과 책이 연결되어 더 좋겠지요.

　아이에게 책을 읽어주지 않아도 효과가 높은 활동이 있어요.

- 끝말 이어가기
- 동요 조용히 부르기 : 동요를 나즈막이 불러주거나 노랫말을 천천히 들려주면 그대로 동시가 됩니다.
- 동시 짓기 : 엄마 한 행, 아이 한 행씩 동시를 지어요.
- 동화 뒷이야기 짓기 : 그동안 들려주었던 동화 중에서 하나를 골

라 뒷이야기를 지어보세요. 상상력, 이야기 구성 능력이 좋아
져요.

  엄마와의 책놀이 덕분에 마음이 따뜻해진 아이는 잠도 잘 자요. 아
이가 잠 드는 걸 확인하고 방을 나서는데 깨는 경우가 있어요. 순간
적으로 짜증이 몰려오더라도 자칫하면 아이가 불안해 잠을 못자고
징징거릴 수 있어요. 시간이 더 소요되지요.
  이럴 때는 아이와 같이 누운 다음, 가슴을 도닥이고 배를 부드럽게
쓸어주세요. 엄마는 안정되고 아이는 안심하며 잠을 이룹니다.

"내가 할래" 하면
답답해도 기다려주자

세 살쯤 되면 아이는 자기 스스로 하려는 의지가 강해집니다. 그래서 무슨 일이든 "내가 할래, 내가 할래" 하며 덤벼들죠. 하지만 엄마의 눈에는 그 모습이 서투르고 위태위태해 보여요. 그래서 조금 지켜보다가 결국 "엄마가 할게"라며 대신 해줍니다.

예를 들어 아이가 현관에서 낑낑거리며 혼자서 신발을 신으려 하면 대부분의 엄마들은 답답한 마음에 신발을 대신 신겨주려고 하고 아이는 "아냐, 내가 할 거야"라며 신발 신기를 계속합니다. 잠시 기다려주던 엄마는 결국 아이 손을 툭 밀어내며 "뭘 네가 해. 제대로도 못 하면서"라며 신발을 마저 신겨주죠.

아이가 스스로 하겠다고 한다면 반가워하세요. 아이가 혼자 하려는 것을 엄마가 대신 해주면 신속하고 정확하게 마칠 수는 있지만, 그 경험이 반복되면 아이는 수동적으로 되고 '나는 뭘 하면 안 되는 아이인가 봐'라고 생각할 수 있어요. 하지만 아이 스스로 끝까지 해내면 아이는 성취감을 느끼고 다른 도전을 할 힘까지 얻는답니다.

다양한 교구 중에서 엄마들의 꾸준한 사랑을 받고 있는 것이 몬테소리 교구예요. 몬테소리 교구의 장점이 여럿 있지만 가장 눈에 띄는 장점은 신발 끈을 묶어보는 교구, 옷의 단추를 끼워보는 교구 등 아이가 일상생활의 기술을 익히는 데 유용하다는 거예요. 그런데 이 교구보다 효과가 좋은 것이 바로 일상에서 아이가 스스로 신발을 신고, 옷을 입고, 지퍼를 올리고, 단추를 끼우도록 기다려주는 거예요.

둘 다 생활습관을 들이는 데 유용하지만 엄마의 반응은 많이 다르지요. 아이가 교구를 가지고 열심히 연습하면 흐뭇해하는데, 아이가 직접 신발을 신으려고 하면 답답해하면서 기다려주지 않습니다.

만약 아이가 스스로 해내는 걸 기다려주기엔 시간이 부족하다면 아이와 외출할 때 시간을 여유 있게 잡으면 좋겠어요. 아이의 자립심과 독립심은 아이를 앉혀놓고 이론으로 가르친다고 키워지는 게 아니라 "내가 할 거야"라고 의지를 보일 때 아이 스스로 해내도록 기다려주는 과정에서 키워집니다. 잘하지는 못하더라도 "하긴 뭘 해. 제대로 못하면서"라고 기죽이는 일은 없으면 좋겠어요.

엄마가 도와주기에 적합한 시기는 아이 스스로 하다가 엄마를 쳐다보며 도움을 청할 때예요. "엄마가 조금만 도와줄까?" 하고 도와주거나 아이 손을 잡고 함께 마무리한 뒤 "우리 우진이가 해냈네. 잘했어. 짝짝짝!" 하고 칭찬과 격려를 한다면 아이의 자기 효능감이 쑤욱 올라가겠지요.

옷 입고 벗기 연습으로
유능감과 성취감을 높이자

무엇이든 시도하려는 의지가 강하고 "내가 할 거야"라고는 하지만 아이가 제대로 해내지 못할 때가 많아요. 특히 옷을 입고 벗기는 어른의 시선에서는 당연히 해야 하는 일이지만, 아이들에겐 힘든 일이라 능숙하게 해내기까지는 시간이 걸리죠.

하지만 아이가 능숙하게 해낼 때까지 기다려주고 연습하는 걸 도와주고 옆에서 응원을 해준다면 아이는 옷을 입고 벗는 것을 빨리 해낼 수 있을 뿐만 아니라 마음까지 성장할 수 있답니다.

단계적으로 연습하고 칭찬으로
유능감 높이기

옷 입고 벗기 훈련은 우선 벗는 것부터 연습하세요. 이때 바지는 반쯤 내려주어서 아이가 수월하게 벗도록 하고, 팬티나 속옷은 부피감이 적으므로 스스로 벗을 수 있도록 하는 게 좋습니다.

양말 한 짝 신으려고 엉덩방아까지 찧어가며 노력하던 아이가 드디어 양쪽 양말을 다 신었을 때는 세레모니하듯 치켜세워주세요. 그러면 아이는 더 잘하고 싶어서 적극적이고 능동적으로 움직입니다.

"어쩜 이렇게 잘 신었을까? 양말 신는 건 혼자 하기 어려운 일인데, 정말 잘 신었구나. 엄마가 기뻐."

옷 입는 것을 도와줄 때도 발달 연령에 맞는 의성어와 의태어로 기분 좋게 해주세요.

"오른발 쑤욱, 왼발 쑤욱, 허리에 척, 바지 척척. 다 입었네."

웃옷을 입는 것을 힘들어한다면 "얼굴이 어디 있나, 여기 있네" 식으로 '놀이요'도 부르고 "사과 같은 유나 얼굴 예쁘기도 하지요" 하며 동요를 불러가며 즐거운 분위기를 마련해주세요. 옷 입기라는 경험에 즐거운 분위기까지 더해져 아이가 옷 입고 벗기라는 발달 과제를 어렵지 않게 해낼 수 있어요. 자율성과 독립성을 길러주는 스스로 옷 입고 벗기는 이처럼 즐겁게 단계적으로 해나가야 합니다.

자기유능감은 자존감으로 연결됩니다. '난 참 잘해'라는 생각을 해야 다음 과제도 적극적으로 도전하고 해냅니다.

- 옷 벗는 연습을 할 때는 벗기 좋도록 반쯤은 내려줍니다.
- 찍찍이 신발 등 신고 벗기 편한 신발로 준비해줍니다.
- 엄마가 도와주었어도 아이 스스로 해냈다는 마음이 들도록 짝짝짝 박수를 쳐주어 성취감을 북돋습니다.
- 끈 부츠, 롱부츠, 입고 벗기 힘든 옷 등 아이 스스로 하기에 어려운 옷과 신발 등은 성취감을 방해합니다. 성취감을 방해하는 신발과 옷은 치우는 게 좋습니다.

단추 끼우기와 지퍼 올리기로
자조 능력과 자존감 키우기

단추 끼우기, 지퍼 올리기 등은 아이의 자조 능력과 자존감으로 연

결되는 중요한 능력입니다.

옷을 벗고 입는 것을 어느 정도 하는 아이도 단추 끼우기나 지퍼 올리는 것은 하기 어려워 합니다. 그럴 땐 바닥에 옷을 펼쳐놓고 단추를 풀고 끼우기 연습을 하면 좋아요. 단추 하나에 단추 구멍 하나, 이렇게 일대일 대응을 자연스레 가르칠 수 있는 기회도 됩니다.

바닥에 펼쳐놓았을 때는 어느 정도 하는데 몸에 걸치고 위에서 아래를 보면서 단추를 끼우려면 쉽지 않습니다. 혼자 하겠다고 끙끙거리다 짜증을 내는 아이도 있어요. 그럴 땐 아이가 옷을 벗을 때 단추 풀기 연습을 먼저 해서 성취감을 느끼게 하는 것이 도움이 됩니다.

만약 단추 풀기는 잘하는데 단추 끼우기를 어려워한다면 엄마가 아이 손가락을 잡고 함께 단추 끼우기를 하세요. 이때 맨 아래에 있는 단추 하나 정도를 아이 스스로 끼우게 해서 아이가 성취감을 느끼게 하는 게 좋습니다. 단추를 다 끼웠을 때는 아이의 손을 어루만지며 맘껏 칭찬해야 합니다.

"혼자서도 척척! 우리 규민이 손가락은 요술 손가락~ 단추 끼우기도 정말 잘하네요."

지퍼 올리기는 아래 부분만 잘 끼워주면 문제가 없지만 처음부터 자신이 한다고 고집을 부릴 수도 있어요. 아이 스스로 하도록 두고 지켜보다가 어려워하면 "도와줄까?" 하고 양해를 구한 뒤 아이 손가락을 잡고 함께 해봅니다.

자조 능력이 있는 아이는 어린이집에 가서도 적응을 잘해요. 스스로 하는 일이 많을수록 환경 적응이 빠르고 문제해결력도 높죠. 진짜 똑똑한 아이라는 의미입니다. 뇌 과학에서 말하는 머리 좋은 아이는 환경에 적응을 잘한다는 의미이고, 인간 뇌는 낯설고 새로운 환경에 적응하기 위해 발달과 진화를 해왔다는 것이죠. 내 아이의 생활자조 능력 키우기가 아이의 뇌 발달에 도움이 됩니다. 진짜 똑똑한 아이로 키우는 비법은 일상에서 아이 스스로 할 수 있는 일을 늘려주는 것이고 독립심으로도 이어지죠.

해선 안 되는 행동은
구체적으로 얘기하자

아이는 지금 부모의 도움을 받아 인간으로서 가져야 할 인성과 가치관을 형성해가고 있습니다. 그렇기에 해서는 안 되는 행동을 할 때도 있지요. 그럴 땐 아이의 기를 죽이지 않으면서 행동을 고쳐나갈 수 있게 지도해야 합니다. 세 살, 평생 가는 좋은 습관을 들이는 시기거든요.

분명히 구체적으로
말하기

가장 먼저, 하면 안 되는 일을 했을 때 "안 돼!"라고 분명히 구체적으로 알려주어야 합니다. 그러면 아이가 헷갈리지 않아요. 게다가 해도 되는 것, 하면 안 되는 것, 해서는 절대 안 되는 것을 구분할 줄 알면 아이는 주도적으로 살아갈 수 있어요.

하지만 사회규범을 알려주고 아이가 익히게 하는 것은 결코 쉬운 일이 아닙니다. 엄마 아빠는 아이에게 이렇게 말하기도 합니다.

"가만히 있으라고 그랬지? 얌전하게 있으라니까."

잘 생각해보세요. 어른이 들어도 참 애매한 말입니다. 가만히 있으라는 게 어떻게 하라는 건지 명확하지 않습니다. 아이의 행동이 과격하고 산만하다고 느끼면 엄마는 그러지 말라는 뜻으로 "얌전히 좀 있어"라고 말하지만 아이 입장에서 얌전하게 있으라는 말은 참으로 모호한 표현입니다.

아이에게는 구체적으로 말해야 제대로 전달이 됩니다. 거실에서 뛰어다니는 아이에게는 "가만히 있어"라고 말하는 것보다 뛰는 아이를 멈추게 한 후 "거실에서는 걸어야 해"라고 구체적으로 말해주세요. 그다음엔 거실에서는 왜 걸어야 하는지에 대해 이야기를 나누면 뛰어다니는 행동이 줄어들 거예요.

평소에도 엄마가 말을 구체적으로 하면 좋습니다. 구체적인 말 자체가 아이에게는 '정확한 행동 지침'이 될 수 있고, 불필요하게 반복되는 지적을 줄일 수 있는 계기도 되지요.

예를 들어 아이가 우유를 다 마시고 빈 컵을 내밀면 "저기다 둬", "주방에 가져다 둬"라는 비구체적이고 광범위한 말보다는 구체적인 장소를 알려주는 게 좋습니다. 주방에는 재료 준비대도 있을 수 있고 식탁도 있으니 아이에게 구체적인 장소를 얘기해주는 것이지요.

"(빈 컵을 내밀며) 엄마, 우유 다 마셨어요."
"우유 다 마셨어? 빈 컵은 싱크대 안에 가져다 놓을까?"

짧고 단호하게
말하기

아이가 해서는 안 되는 행동을 하면 짧고 단호하게 얘기해주어야 합니다. 예를 들어 엄마가 건네준 우유를 마시기 싫다고 바닥에 내동댕이친 아이에게 "너 때문에 못 살아"라고 말하는 것은 엄마의 푸념밖엔 안 됩니다. "야, 너! 진짜" 하는 엄마의 잔소리도 아이를 잠시 주춤하게 할 뿐 별 효력이 없습니다. 그럴 땐 아이가 수습할 행동을 짧게 얘기합니다.

"엎지른 우유 닦자."

휴지나 행주 정도는 가져다주어도 괜찮습니다. 그런 뒤에 아이의 행동에 대해 이야기를 나누어야 하지만, 분명한 건 우유를 내던지는 것은 '안 되는' 행동임을 정확히 짚어주어야 합니다. 그래야 아이가 알아듣고 행동을 고쳐나갈 수 있어요.

아이가 마트에서 장난감을 사달라며 울 때도 마찬가지예요. 드러누워 우는 아이는 섣부르게 달래지 말고 이런 말 저런 말도 하지 마세요. 우는 아이에게는 그 어떤 말도 들리지 않아요. 잠시 울게 두고 곁에서 지켜보세요. "엄마 간다"고 하면 아이가 겁에 질려 더 크게 우니까 엄마가 자신을 지켜본다는 걸 인식시키고, 아이 울음이 잦아들면 그때 가까이 다가앉아 나직하지만 정확하고 엄격하게 말하는 게 좋습니다.

"네가 그렇게 드러누워 울어도 사줄 수 없어. 일어나."

더 짧게 말해도 효력이 있을 거예요.

"이제 일어나."

이보다 더 짧게 말해도 효력이 있을 거예요.

"가자."

하지만 더 좋은 방법이 있어요. 아이의 '욕구'가 발생하는 장소엔 가급적 아이와 함께 가지 않는 것이죠. 견물생심이잖아요.

그다음 방법은 '공감하기'예요. "네가 그것을 갖고 싶은 마음을 알아"라는 길지 않은 공감의 말을 나직하게 건네세요. 공감을 받으면 흥분과 분노라는 감정이 조금은 가라앉습니다.

평소에는 아이의 조잘거림에 같이 수다를 떨고 규칙이나 약속에 대해서도 왜 지켜야 하는지를 이해할 수 있게 말해주어야 하지만, 훈육을 할 때는 긴 말로 설명하면 아이가 이해하지 못하니 엄격한 표정으로 짧게 말하는 게 좋습니다.

하면 안 되는 행동을 정확히 아는 아이가 분별력 있는 행동을 하고, 분별력 있는 아이가 세상을 잘 살아갑니다. 자기조절력이 뛰어난 아이가 학습능력이 우수하며 행복하게 산다는 믿을 만한 연구 결과가 이를 뒷받침합니다. 자기조절력의 기본 토대가 형성되는 세 살부터 내 아이의 훈육이 제대로 시작돼야 합니다.

양치질은 아직 엄마의 도움이 필요하다

생후 16개월 전후로 앞니 여덟 개와 어금니 네 개가 올라오고, 생후 26~27개월에는 송곳니가 올라오고, 36개월이면 유치 20개가 완성되지요. 치아가 올라오면서 엄마가 양치를 대신 해주었지만 두 돌이 지나면서는 아이와 함께 양치질을 해보세요.

가장 먼저 할 일은 칫솔 고르기예요. 칫솔을 고를 때는 아이와 함께 고르는 것이 좋아요. 아이 용품은 캐릭터 상품이 많으므로 아이가 좋아하는 것으로 고르면 즐겁게 양치하는 습관을 들이는 데 도움이 됩니다.

양치질은 꼼꼼히 해야 하기 때문에 보통은 엄마가 꼼꼼히 해주고 앞니 정도만 아이가 하는데, 어떤 아이들은 자기가 다 하겠다고 해요. 그럴 땐 "앞니는 네가 닦고 어금니처럼 네가 닦기 힘든 치아만 엄마가 도와줄 거야"라고 이야기해주면 혼자 다 하겠다고 떼 부리는 일이 줄어들 거예요.

만약 아이가 양치질을 안 하겠다고 한다면 엄마가 즐겁게 칫솔질하는 모습을 보여주는 것도 좋아요.

"선우야, 어때? 보글보글 거품도 나고, 이도 새하얘지네."
"입 안도 상쾌해져. 우리 선우도 해볼래?"

즐겁게 양치질을 하는 엄마의 모습에 아이가 조금씩 용기 낼지도 몰라요. 치키치카, 치카치카… 양치질을 할 때 나는 소리를 의성어로 표현하고 입 안을 헹굴 때도 뿌꾸뿌꾸 소리 내어 하고 뱉으면 양치 시간이 즐겁다는 인상을 줄 수 있어요.

아이의 자립심을 키워주는 것이 중요하지만 양치질만큼은 아이에게 단독으로 맡기기에는 일러요. 아이와 충분히 이야기를 나누고 엄마가 도움을 주어야 치아를 건강하게 지킬 수 있습니다.

혀 닦기를 두려워하는
아이를 위해

입 안의 위생상 혀 닦기를 빼놓을 순 없겠죠? 혀는 닦기 어려운 부위이므로 엄마가 혀를 길게 내밀어 닦는 모습을 보여주고, 아이의 혀를 닦아줄 때는 빠르게 닦아주세요.

아이들이 혀 닦기를 두려워하는 이유는 구토가 날 것 같은 느낌 때문이에요. 실제로 혀를 닦다가 구토할 뻔했던 경험이 있었다면 거부감이 더 심하죠. 그럴 땐 인형으로 예행연습을 한 뒤에 엄마와 아이가 역할을 바꾸어 소꿉놀이를 하듯 해보세요. 아이가 엄마의 혀를 닦아주는 것이죠.

"엄마가 혀를 길게 내밀게. 잘 닦아줘."

아이가 혀를 다 닦아주었다면 혀를 닦은 후의 느낌을 기분 좋게 표현합니다.

"아, 우리 수민이가 엄마 혀를 닦아주니까 입 속이 '화아' 하고 개운해."

"어떻게 생각해? 네 생각은 어때?"
열린 질문의 함정

엄마가 아이의 잘못된 행동을 꾸짖으면서 "어떻게 생각해?" 라고 물으면 "음~ 음~" 하며 딴 데를 쳐다보는 아이들이 있어요. 혼나면서 딴짓을 하니 엄마들은 화가 나겠죠. 그런데 아이들은 왜 그러는 걸까요?

첫 번째 이유는, 아이가 당황해서 뭐라고 대답하기 어렵기 때문이에요.

두 번째 이유는, 아이 자신도 뻔히 잘못을 아는데 엄마가 "어떻게 생각해?"라고 물으니 '엄마가 왜 묻는 거지?' 하고 생각하느라 대답을 못 할 수도 있습니다. 아이를 시험에 들게 하는 거죠.

세 번째는, 질문에 대해 생각을 하느라고 딴 데를 보는 거예요.

"어떻게 생각해?"라는 질문은 아이의 잘못된 행동을 꾸짖을 때보다 아이의 생각이 정말 궁금하고 아이의 창의적 사고를 이끌어낼 때

하는 것이 더 적절해요.

이 시기에는 아이가 잘못을 했을 때 아이의 생각을 묻기보다는 엄마의 생각을 정확히 말해주는 게 효과적입니다. 예를 들어 아이가 놀이터에서 놀다가 친구를 때렸을 때 때린 이유와 아이의 마음을 헤아리고 싶은 엄마의 마음은 알지만 "어떻게 생각해?"라고 물으면 오히려 역효과가 날 수 있어요. 더구나 그 질문에 아이가 얼른 대답을 안 하면 엄마는 "왜 딴 데 봐", "왜 대답 안 하고 우물거리기만 해?"라고 다그칠 텐데, 그러면 아이는 더 딴 짓을 할 수밖에 없어요.

엄마는 "친구 때린 거 잘못했어요"라는 아이의 말을 듣고 차분히 훈육하고 싶었을 거예요. 물론 아이가 그렇게 대답하면 좋겠지만, 이 시기의 아이들은 자신의 잘못된 행동에 주눅이 드는 데다 엄마의 "어떻게 생각해?"라는 질문까지 받으면 자신의 마음을 제대로 된 문장으로 표현하기 어려워요. 아직 논리적으로 자신의 생각을 말하기에는 힘든 시기라는 걸 이해해야 아이를 다그치지 않게 됩니다.

발달상 단답식 질문이 필요한 때예요. 이렇게 해보는 건 어떨까요?

엄마 : "친구 때리면 돼, 안 돼?"

아이 : "안 돼요."

엄마 : "왜 안 돼?"

아이 : "다쳐요."

엄마 : "그렇구나. 그럼 어떻게 할까?"

아이 : "안 때려요."

이 정도의 단답식 질문과 대답이 오간 후엔 왜 그랬는지 이유를 이
야기 나누고, 혹시 엄마가 오해를 해서 아이가 억울하지는 않은지를
알아줍니다. 그런 뒤엔 앞으로 해야 할 바른 행동에 대해 반드시 짚
어주세요.

"누구든 때리면 안 되는 거야. 때리지 않기로 엄마랑 약속할 수 있
겠니?"

이후에 아이가 친구와 잘 놀면 꼭 칭찬을 해주세요. 아이는 기분
좋은 상황을 만들고 싶어 좋은 행동을 반복할 겁니다.

아이를 혼란에 빠뜨리는 질문보다 단답식 질문이 더 효과적일 때가
있어요. 열린 질문을 하고 아이 대답을 기다리다가 참았던 엄마의 분
노가 폭발하면 둘의 관계만 나빠지거든요. 그러니 단답형 질문으로
아이의 말문을 열고 그 후에 "어떻게 생각해?"라는 질문을 하세요.

아이가 친구의 장난감을 빼앗으면 어떻게 해야 할까?

 어느 엄마의 하소연이 생각납니다.

"우리 애는 어디 데리고 가기가 겁나요. 자기가 하고 싶은 걸 꼭 해야 하는 성격이거든요. 친구네 집에 가면 친구가 가진 걸 뺏고, 마트에 가서 애가 안 보인다 싶으면 과자 봉지 뜯어서 먹고 있어요. 계산도 안 했는데 왜 먹느냐고 하면 '먹고 싶어서'라고 대답합니다. 아이가 처음 그런 행동을 했을 때 '먹고 싶어서 그랬어? 그래도 안 돼'라고 말하며 웃어넘겼는데 그때 잘 가르쳤어야 했나 봐요."

아이들은 순수해서 동물도 사람처럼 생각하고, 물건에도 감정이 있다고 여기고, 동화책 속의 고양이가 길을 잃으면 "불쌍해" 하고 얼굴을 찡그립니다. 이렇게 감정이입이 잘되는 세 살이지만 욕구가 강해지면 자신밖에 모르지요.

'남의 것도 내 것'이라고 생각하는 것이 이 시기 아이들의 특징입니다. 예를 들어 친구가 가진 장난감이 갖고 싶으면 뺏습니다. 이때 장난감을 뺏으면 친구가 싫어할 것이란 마음은 헤아리지 못하지요. 자신의 욕구가 앞서기 때문이에요.

이럴 때 어리다는 이유로 지나치거나 아이의 표현이 신기한 나머지 웃어넘기면 아이는 자신의 행동이 잘못되었다는 걸 깨닫지 못해요. 그러니 아이의 눈을 바라보며 "친구 것을 뺏으면 친구 마음이 슬퍼" 하고 친구가 느꼈을 감정을 알려주고 뺏은 물건을 아이 스스로 친구에게 되돌려주도록 유도해야 합니다.

아이가 안 주겠다고 할 수도 있어요. 그렇다고 해서 아이가 뺏은 장난감을 엄마가 뺏으면서 "또 그러네. 친구 장난감 뺏으면 안 된다고 했지?"라고 다그치고 화를 내면 아이는 '뺏겼다'는 생각과 '혼났다'는 감정만 느낄 뿐입니다. 그리고 자신의 물건을 엄마에게 뺏겨 억울해 할 수도 있어요. 그러니 아이 스스로 자신의 것이 아님을 인정하게 한 후 아이가 직접 건네주도록 합니다.

엄마 : "이 장난감 누구 거지?"

아이 : "친구 거(예요)."

엄마 : "이 장난감 친구 거니까 친구한테 돌려주고 '친구야, 같이 놀자' 해볼까?"

아이가 돌려주지 않겠다고 떼를 써도 상대방의 입장에서 생각해보는 것을 아이에게 가르칠 기회인 만큼 차근차근 가르쳐주세요. 이 과정을 거치고 나면 상대방의 입장에서 생각해보는 능력이 자라고 친구와 함께 잘 놀 수 있는 지혜와 이치를 배우게 됩니다.

'둘 중 하나 선택하기'로 자율성을 키우자

   "우리 유니, 내일 뭐 할까요?"

"뭐 먹으러 갈까요? 먹고 싶은 거 없어요?"

아이가 머뭇거리자 젊은 엄마는 아이의 볼을 사랑스럽게 만지며 말합니다.

"어이구, 우리 아기가 벌써 결정장애인가~~."

여행을 계획하거나 가족 외식에서 메뉴를 결정하는데 아이를 민주적으로 참여시키는 건 좋지만 지나치면 아이가 곤란해합니다.

아직 두세 살인 아이에게 '뭘 할까?', '뭘 먹을까?'는 쉽게 대답하기 어려운 문제예요. 몇 가지 안을 주고 선택하라고 하는 것도 선택안 중에 아이가 먹고 싶고 하고 싶은 것이 포함되어 있다면 대답이 바로 나오겠지만 그렇지 않은 경우에는 무능감을 줄 수도 있어요.

아이에게도 선택권을 주고 가족으로서의 소속감과 유능감을 느끼게 하고 싶다면 '둘 중 하나 선택하기'를 해보세요. "놀이공원 갈까? 수영장 갈까?", "치킨 먹을까? 스파게티 먹을까?"처럼요. 이렇게 하면 실랑이를 벌이지 않아도 되지요. 아이에게 선택하게 해놓고 정작 그건 되느니 안 되느니 하지 않아도 되고요. 아이로 하여금 '내 마음이 엄마에게 받아들여졌다'는 느낌과 함께 엄마의 마음과 내 마음이 통한다는 기쁨을 주고, 자율성도 키워줄 수 있거든요.

'둘 중 하나 선택하기'는 아이에게 무언가를 하게 할 경우에도 적용할 수 있습니다. 예를 들어 편식 지도에도 응용할 수 있어요. 시금치와 콩나물무침 모두를 싫어하는 아이에게 둘 중 하나를 선택하게 하는 거예요. 엄마의 말투에 둘 중 하나는 선택하면 참 좋을 거라는 기대를 담고 말이죠.

"우리 예쁜 지수, 시금치무침 먹을까? 콩나물무침 먹을까?"

역할놀이로 아이의 상상력과
창의력이 자란다

구체적인 놀잇감이 있어야 하는 이전과는 달리 소꿉놀이, 엄마놀이, 인형놀이 등 다양하고 정교한 역할놀이를 할 수 있습니다. 역할놀이를 한다는 것은 상상력과 창의력이 발달하고 있다는 신호죠. 빈 접시에 음식이 담겼다고 가정하고, 빈 찻잔에 커피가 들어 있다고 상상하는 것은 인지 발달 수준이 상당하다는 의미입니다.

역할놀이를 할 때는 장난감 자동차, 전화기 등 실물 모형 장난감 모두가 아이에게는 놀이의 대상이 됩니다. 귀에 댈 수 있는 건 모두 전화기가 되어 아이는 그걸 귀에 대고는 혼자 역할놀이도 합니다. 마치 누군가와 통화를 하는 것처럼요.

아이가 전화기를 귀에 대고 통화를 할 때 아이 혼자 통화하도록 지켜보는 것도 좋지만 때로는 엄마가 상대가 되어 "여보세요. 네, 지후 엄마인데요" 하면 아이의 상상력은 무한대로 펼쳐져요. 아이가 상상으로 지은 음식을 "와아, 얌냠, 맛있다. 우리 아들, 요리사네"라는 반응을 보이면 아이의 상상력은 더 확장됩니다.

하지만 여기에도 기술이 필요합니다. 아이가 원할 때 놀아주는 것이지요. 예를 들어 아이가 인형을 들자마자 이때다 싶어 엄마가 나서서는 "엄마랑 인형놀이 할까? 엄마가 애기 할까?" 하는 건 간섭이에요. 아이가 놀아달라고 할 때 응해주는 것이 놀이 집중에 도움이 되거든요.

아이는 혼자 놀 때 부쩍 자랍니다. 혼자 놀이를 할 때 하는 혼잣말로 어휘력을 키우고, 주도적인 역할을 하기도 합니다. 엄마가 놀이를 주도하면 아이는 구체적인 상대가 있을 때만 놀이를 해요. 엄마가 놀아주지 않으면 심심해하고 역할놀이의 폭도 줄어듭니다. 역할놀이는 무한 상상놀이예요. 아이가 다양한 역할을 주도적으로 하도록 하고 엄마는 호응해 주세요.

엄마가 함께 해준다면 아이의 역할놀이는 좀 더 지속될 수 있으니 아이가 노는 동안 관심을 가지고 곁에 있어주는 것은 아주 중요해요. 아이 곁에 있는 것만으로도 놀아주는 역할이고 아이의 역할놀이를 지속시킬 수 있습니다. 옆에서 신문을 보거나 뜨개질을 하거나 책을 읽다가 아이와 눈이 마주치면 웃어주는 것만으로도 놀아주는 것이고, 아이가 상상으로 만든 음식은 맛있게 먹어주고 "정말 맛있구나" 하며 언어적 상호 작용을 하는 것이지요. 그것만으로도 아이는 '엄마가 옆에서 지켜보고 있구나. 나랑 함께하는구나' 하며 맘껏 놀이에 몰입하지요.

발달 단계에 따라
노는 방식이 달라진다

만약 아이의 친구가 있다고 해도 사회성이나 사회적인 놀이는 너무 기대하지 마세요. 아이들은 '같이 있지만 따로 노는 중'이거든요. 이 시기 아이들의 놀이 특성입니다.

주로 혼자 노는 아이에게 억지로 친구를 만들어주고는 아이가 친구와 상호작용을 하지 않고 여전히 혼자 놀면 "사회성이 부족한가 봐" 하며 걱정하는 엄마들이 있습니다. 그런데 아이들의 놀이에는 혼자놀이, 평행놀이, 연합놀이, 협동놀이 등 다양한 형태가 있으며 발달 단계별로 나타나요.

혼자놀이는 2~3세경 많이 나타나는 놀이 형태로, 친구가 옆에 있어도 따로 놀지요. 장난감도 서로 나누어서 노는 게 아니라 다른 장난감을 가지고 각각 놀아요. 이 시기에는 아이가 노는 걸 지켜보다가 같이 놀아달라고 장난감을 내밀면 그때 같이 놀아주는 정도로만 호응합니다. 아이의 친구가 없다고 걱정하지 않아도 돼요.

평행놀이는 3~4세 정도에 나타나요. 친구와 놀이를 하지만 직접 교류와 접촉은 하지 않고 같은 장난감을 가지고 친구들 곁에서 노는 형태입니다. '따로 또 같이', '같이 또 따로'의 놀이 형태니까 이 시기는 아이들이 안전하게 노는지를 중점적으로 지켜보면 됩니다. 다만 "친구랑 나눠 놀아야지" 하며 친구에게 장난감을 너무 양보하게 하거나 사이좋게 놀라고 강요하지 않아야 합니다. 그러면 오히려 방해가 됩니다.

연합놀이와 협동놀이는 5~6세가 되어야 가능합니다. 연합놀이는 5세 즈음에 나타나며, 다른 친구들과 함께 노는 집단놀이 형태를 띱니다. 놀이 내용에 대해 이야기를 주고받거나 장난감을 서로 교환하며 놀지만 각자의 역할을 정하거나 놀이를 조직적으로 하지는 못하는 수준입니다. 협동놀이는 6세 정도부터 나타납니다. 서로 리더를 정하고 역할을 나누는 등 조직적이고 협동적으로 놀아요. 이 시기는 규칙도 정하는 등 제법 사회적인 놀이를 하지만 그에 따른 충돌도 있고 다툼도 있지요. 신체표현도 과격해서 다툼이 일어날 수 있지만, 말을 알아듣는 연령이니까 양보와 배려 등을 설명해주면 이해하지요. 놀이를 하면서 다툼이 있을 땐 부모가 재판관이 되지 말고 아이들에게 서로 이야기 나누어보라고 하면 자연스럽게 해결됩니다.

칭찬에도 기술이 필요하다

이 시기에 아이를 키우다 보면 부모로서 하는 행동이 거의 두 가지로 압축돼요. 칭찬 아니면 혼내기죠. 잘하는 행동을 강화하고 잘 못하는 행동을 제재해야 하는 시기이거든요. 이후의 성장 과정에서는 아이 스스로 돌아보고 판단하는 능력이 생기지만 아직은 어린 나이라서 칭찬(정적 강화)과 벌 혹은 훈육(부적 강화)이 적절해요.

아이에게 좋은 영향을 주려면 어떻게 칭찬해야 할까요?

남들이 들을 만큼
크게 칭찬하기

아이가 어리면 모든 게 칭찬거리입니다. 크게, 약간 과장도 섞어가면서 다른 사람들에게 들릴 만하게 칭찬하면 좋은 행동을 강화하는 데 좋아요. '으쓱'하고 싶은 아이의 마음을 쑥쑥 키워주는 일이죠.

지금 잘하는 것을
상황 중개하듯 칭찬하기

이 칭찬법은 현재 잘하는 것을 그대로 표현하는 거예요. 응가를 잘하면 "똥도 잘 싸셨네"라고 칭찬하고, 밥을 잘 먹으면 "밥도 잘 먹네", 잘 놀면 "놀기도 잘하네", 숟가락질을 스스로 하면 "혼자서 숟가락질도 잘하네", 귀엽고 예쁘면 "아이구, 예뻐라" 등 아이의 바람직한 행동이면 뭐든 칭찬합니다. 큰 소리로, 공개적으로 현재 상황을 기쁜 마음으로 표현해주면 아이는 더 잘하려고 할 거예요.

칭찬하는 습관
들이기

아이를 칭찬하는 것도 습관이 되어야 해요. 이게 칭찬할 만한 일인가, 어떻게 칭찬하는 게 진짜 칭찬일까를 너무 깊이 고민하다 보면 이미 칭찬해줄 상황은 지나가버릴지 몰라요.

망설이지 말고
표현하기

"예쁘네", "착하네", "잘했네"가 추상적인 칭찬이라는 이유로 사용해도 될지를 주저하지 않아도 돼요. 아이가 알아듣지 못하는 구체적인 칭찬보다 아이가 알아듣는 칭찬이 더 효과적입니다. 꽃이 예쁘고, 세상은 선악으로 나뉘어 있고, 행동은 잘하는 것과 못하는 것으로 구분된다고 믿는 이 시기의 아이들에게는 아이들이 듣고 싶은 칭찬을 해주세요. 추임새로 '어머나'를 넣으면 더 큰 칭찬으로 전달될 거예요.

"어머나~ 예뻐라. 어머나~ 착해라. 어머나~ 잘했네."

이후 노력과 과정 중심의 칭찬을 할 때가 옵니다.

동네 산책하며 감성을 키워주자

살랑살랑 바람이 부는 저녁 무렵, 엄마와 아이가 살랑거리며 산책을 하다 보면 많은 것을 보고 느낄 수 있어요. 그리고 아이에게 엄마의 말은 시詩가 될 수 있어요.

"와, 하늘이 참 예쁘다."
"구름 모양이 참 다양하네."
"오늘은 구름 한 점 없네."
"어제보다 하늘이 한 뼘은 더 올라간 것 같아."
"오늘 하늘 색깔은 어제와는 다른 것 같아."
"바람이 시원해."
"이제 긴 팔 입어야 하겠다. 바람이 차가워졌어."
"흐음~ 바람이 향기롭네."

"이것 좀 봐. 제비꽃이야."

아이는 엄마의 말에 어떤 반응을 보일까요?

산책하면서 나누는 이야기는 언어 발달, 정서 발달, 인지 발달, 그리고 아이의 건강한 신체 발달을 도와줄 거예요. 이렇듯 동네를 산책하는 일, 공원을 돌아보는 일은 우리의 상상 이상으로 효과가 있습니다.

산책할 때 꼭 해야 할 일이 있어요. 바로 아이의 손을 잡는 일입니다. 손을 잡으면 아이의 안전에 좋고, 세로토닌 분비로 기분이 좋아져요. 한마디로 아이와 엄마가 교감하고 애착을 다지는 데 손잡기만한 스킨십이 없어요. 엄마와 이런 시간을 자주 보낸 아이라면 친구 관계도 문제 없답니다.

어느 날 아이가 멋지고 시적인 말로 엄마를 놀라게 할지도 몰라요.

"엄마, 하늘 좀 보세요. 구름이 하늘을 여행해요."

창의력이 쑥쑥 커지는 아빠와 아이의 놀이

많은 아빠들은 아이와 어떻게 놀아주어야 할지 모르겠다고 합니다. 그러나 엄마보다도 아빠의 활동적인 놀이가 아이의 신체적, 정서적 발달에 크게 도움이 됩니다. 거창하지 않으면서 실천하기 좋은 놀이 몇 가지를 소개해드릴게요.

- 비행기 태워주기, 목마타기 놀이 : 아빠가 해주는 대표적인 몸 놀이로 아기와 아빠의 애착 형성에 좋은 놀이입니다.
- 풍선놀이 : 풍선을 크게 불은 후 바람이 빠지는 모습을 보여주세요. 커졌다 갑자기 작아지는 모습에 아이는 신기해합니다. 풍선에서 공기가 빠져나가는 소리를 의성어로 표현하는 말놀이는 어휘력 발달에도 좋아요.
- 아빠표 책 읽어주기 : 아빠가 중저음으로 읽어주는 책 읽어주기는 아이와 아빠 모두에게 좋아요. 아빠가 책을 읽어주면 아이는 즐겁고 아빠는 스트레스 해소에 좋다는 연구 결과도 있어요. 책 읽어주기를 통해 아이의 창의력을 쑥쑥 키우고 서로의 마음도 교감해보세요.

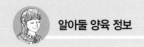
생후 25~36개월

● 이 시기의 아이들에게 놀이터는 최고의 교육장이에요. 놀이터에서 미끄럼틀, 시소, 그네 등 놀이기구를 사용하다 보면 자연스럽게 순서, 양보, 규칙 지키기를 배울 수 있어요. 순서, 규칙을 가르칠 때는 공 굴리기 놀이를 통해 나 한 번 너 한 번씩 굴리기를 하고, 상대가 잘 받을 수 있도록 굴리고, 카드로 짝을 맞추는 등의 놀이를 하면 자연스럽게 규칙의 의미를 지도할 수 있어요.

● 아이 마음과 엄마의 의견이 맞지 않을 때가 점점 많아질 거예요. 예를 들어 옷을 고를 때 엄마는 날씨, 장소, 색상 등을 고려해서 고르고 아이는 그저 자기가 좋아하는 취향만 고집할 수 있어요. 아이의 의견을 존중하되 아이의 억지에 끌려가지 말고 '설득'시켜야 합니다. 하지만 색상 등은 엄마가 양보하는 게 좋지요. 엄마가 볼 때는 이상하더라도 아이가 마음에 들어 하는 색깔이라면 그 정도는 허용해주세요. 아이가 존중받는 느낌을 받고, 자신에게 선택권이 주어지는 경험을 하면 서서히 선택 능력을 키우게 됩니다.

● 훈육은 평소의 대화와 다릅니다. 아이가 명확히 이해하도록 표현하고 무얼 말하고자 하는지를 정확히 전달해야 하지요. 다음의 원칙으로 아이와의 관계를 해치지 않으면서 옳지 않은 행동을 효과적으로 바로잡으세요.

1. 훈육에는 타이밍이 있습니다. 아이가 잘못했을 때 바로 말하세요.

2. 훈육은 과거형이 아니라 현재형이어야 합니다. 지난 일을 들추지 말고 지금의 행동에 대해서만 정확히 말하세요.

3. 훈육할 땐 엄격한 표정과 절제된 언어로 말하세요.

4. 훈육에도 다이어트가 필요합니다. 불필요하게 많은 것을 요구하지 말고 한 가지만 지적하세요.

5. 훈육은 쌈밥이 아닙니다. 아이의 성향이나 존재 자체를 싸잡아 혼내지 말고 '잘못한 행동'만 정확히 말하세요.

6. 훈육은 30초 광고입니다. 한 말 또 하면 긴장감이 떨어집니다. 짧은 말로 강한 인상을 남기세요.

부부가 행복하면 우리 아이에게 '천 일의 기적'이 일어납니다

'3포', '5포'라는 말이 한때의 신조어가 아닌 보편적 용어로 받아들여지는 요즘, '출산 포기'가 아닌 '자녀 양육'을 선택한 엄마는 참으로 위대한 사람입니다. 뱃속 아이와 교감을 하면서 '어떻게 하면 우리 아이를 잘 키울 수 있을까'를 미소 지으며 이 책을 펼쳐 든 엄마는 더욱 사랑스럽고 아름다운 엄마입니다.

하지만 엄마가 된다는 것, 좋은 엄마가 된다는 것은 얼마나 어려운 일인지요. 임신과 동시에 기쁨과 함께 다양하고 복잡한 감정을 느끼고, 아기가 태어나면 아기 중심으로 생활방식이 바뀌는 상황에 적응하느라 몸과 마음이 몸살을 앓기도 하지요.

'○○ 엄마'로 불리는 것도 아직 낯설고, 아기가 커가고 활동량이 늘어나면서는 아이를 뒤따라 다니느라 체력과 마음도 지칩니다. 내 아이만큼은 누구보다 잘 키우고 싶은데 엄마 마음에 흡족할 만큼 따라

주지 않을 때, 그러다 아이가 문제라도 일으키면 엄마 탓인 것 같아 절망하고 죄책감에 사로잡히지요. 이렇게 다양한 심리적 갈등을 견뎌내면서도 아이를 지키는 존재가 엄마입니다.

'좋은 부모'라는 말이 멍에가 되지 않았으면 좋겠습니다. 너무 힘들게 아이를 따라다니다가 지치는 일이 없으면 좋겠습니다. 부모는 다그치고 끌고 가는 사람이 아니라, 기다려주고 믿어주는 사람이거든요. 이런 여유는 부부가 행복해야 우러나올 수 있어요. 아이를 사랑하는 만큼 부부가 사랑하고, 아이에게만 집중하는 것보다 '부부가 먼저'여야 합니다.

오늘도 뱃속의 아이와 사랑스런 이야기를 나누고, 옹알이에 화답하고, 아이의 잘못된 행동을 바로잡아주기 위해 숨 고르는 엄마들 곁에 이 책이 함께하면 좋겠습니다. 엄마 곁에 이 책을 든 남편이 따뜻하게 함께한다면 더 좋겠습니다.

'천 일의 기적'으로 아이와 엄마 아빠 모두 행복하세요.